Katharina Starlay

CLEVER KONSUMIEREN

KATHARINA STARLAY

CLEVER KONSUMIEREN

Wertvolles Wissen für eine bewusste Wahl

Remember
CSR – Frühstück
bei der IHK –
Darmstadt am
15 – 11 – 2.16

Ihre

Katharina
Starlay

Frankfurter Allgemeine Buch

Bibliografische Information der Deutschen Nationalbibliothek
Die Deutsche Nationalbibliothek verzeichnet diese Publikation
in der Deutschen Nationalbibliografie; detaillierte bibliografische
Daten sind im Internet über http://dnb.d-nb.de abrufbar.

Katharina Starlay
Clever konsumieren
Wertvolles Wissen für eine bewusste Wahl

Frankfurter Societäts-Medien GmbH
Frankenallee 71–81
60327 Frankfurt am Main
Geschäftsführung: Hans Homrighausen

1. Auflage
Frankfurt am Main 2014

ISBN 978-3-95601-058-3

Frankfurter Allgemeine Buch

Copyright	Frankfurter Societäts-Medien GmbH
	Frankenallee 71–81
	60327 Frankfurt am Main
Umschlag	Anja Desch, F.A.Z.-Institut für Management-, Markt- und Medieninformationen GmbH, 60326 Frankfurt am Main
Satz	Wolfgang Barus, Frankfurt am Main
Titelbild	© thinkstock, Artwork: Anja Desch
Illustrationen	Karsten Schreurs, GROBI Grafik und Illustration, www.grobi-grafik.de
Druck	CPI Moravia Books s.r.o., Brněnská 1024, CZ-691 23 Pohořelice

„Trainiere Deinen Geist,
um Qualität in jedem Bereich anzustreben.
Qualität erzeugt Vertrauen,
Vertrauen erzeugt Begeisterung,
Begeisterung erobert die Welt."

Elizabeth Arden

Für Ruth

Inhalt

Die Verwirrung war schon vorher groß. Seitdem aber Internetbewertungen nicht nur von Nutzern, sondern immer mehr von der Konkurrenz verfasst werden und in den Sozialen Netzwerken „Likes" als Handelsware in der digitalen Sympathievergabe dienen („Gibst Du mir ein *Like*, gebe ich Dir ein *Like* ..."), wird das Einschätzen von Qualität immer schwerer.

Auch in der Bewertung von Dienstleistungen ist kaum zu erkennen, welche verlässlich sind und welche nicht: Hier sind wir als Konsumenten aufgefordert, unseren Instinkt zu schärfen und zwischen den Zeilen zu lesen.

In der Produktwelt gibt es aber noch immer Maßstäbe, an denen sich ein Wert erkennen lässt – wenn man die dafür notwendigen Informationen besitzt. Diese zu vermitteln und auch einer inzwischen erwachsenen, mit Fast-Food-Ketten und vertikalen Textilanbietern (welche von der Herstellung bis zum Verkauf an den Endverbraucher alle Stationen selbst übernehmen) aufgewachsenen Generation bewusst zu machen, welche Komponenten ein Produkt gut werden lassen, ist das Anliegen dieses Buches.

Der Titel beschreibt, worum es eigentlich geht: Erst wenn wir etwas über ein Produkt wissen, können wir seinen Wert beurteilen und entscheiden, ob es uns den Preis wert ist. Denn was für den Einkauf von kostspieligen Anschaffungen wie Autos, Waschmaschinen oder auch Heimtieren selbstverständlich ist, zeigt im Konsum von Kleingütern und -waren oft klaffende Lücken: Unsere Vorinformation als Kunde sinkt mit dem Kostenrahmen der Produktgruppe. Dabei sind es doch gerade die kleinen Dinge, die Cremes und Lotionen, Textilien und Schmuckstücke, die wir direkt an uns heran, sogar auf unsere Haut lassen.

Der Erfolg meines ersten Buches „Stilgeheimnisse" und die daraus folgenden Gespräche mit Lesern, Zuhörern meiner Vorträge und Journalisten machten zunehmend deutlich, dass die dort beschriebene Qualität des Auftritts untrennbar auch mit der Qualität der verwendeten Produkte zu tun hat. Gleichzeitig tauchten immer wieder die beiden Fragen auf: Woran erkenne ich Qualität und wie kann ich sie in Bezug auf den geforderten Preis einschätzen?

Ich möchte Ihnen Mut machen, auch beim Einkauf von Kleingütern und Verbrauchsartikeln Eigenverantwortung zu übernehmen und durch Wissen zu einem mündigen Kunden zu werden, der selbst entscheidet. Preise spiegeln bekanntlich nur zum Teil den Warenwert wider, da sie sich mindestens noch aus einem Anteil für das Marketing und einer Gewinnmarge für den Verkäufer zusammensetzen. Doch wie erkenne ich als Konsument, wo der Produktwert aufhört und der Preis für das Marketing anfängt? Und wie viel Geld ist das Renommee, eine begehrliche Marke zu tragen, überhaupt wert?

Indem es auf diese Fragen eine Antwort sucht, ist „Clever konsumieren" vielleicht kein Buch für Modebegeisterte auf der Suche nach immer wieder Neuem. Denn das Rad ist ja bereits erfunden – auch im Beautykonsum. Es ist aber ein geldwerter Begleiter für Menschen, die sich über ihre Ansprüche – und was sie dafür zu bezahlen bereit sind – Gedanken machen. Zudem liefert es Hinweise zur Pflege einiger Produkte und hilft, Fehlkäufe durch die richtige Wahl auf ein Minimum zu reduzieren.

Viele Verbraucher überlegen sich vor einem Kauf nicht ausreichend, welches Resultat sie erwarten (was die Ergebnisqualität verschlechtert) – darum habe ich eine Erwartungshaltung an jede Produktgruppe definiert und für die Querleser unter Ihnen zur schnellen Orientierung in Kästen gestellt. Denn ich möchte besonders auch die Menschen mit wenig Zeit in einem hektischen Berufsalltag erreichen, die berufstätigen Mütter und Väter unter Ihnen, die Manager/innen und Unternehmer/innen auf allen Hierarchieebenen. Schließlich „managen" wir alle, manchmal sogar pausenlos. Das Management Ihres Produktkonsums soll nun leichter werden.

Außer meinen eigenen Erfahrungen lasse ich auch Fachleute der spezifischen Branchen durch Interviews zu Wort kommen, die ihre Sicht des sinnvollen Konsums im eigenen Produktsegment beschreiben, Einblick in die Herstellung geben und persönliche Tipps verraten. Diese Interviewpartner sind vielfach Partner aus meiner eigenen Arbeit, wie etwa im Bereich Corporate Wear, deren Produktionsleistung ich aus der gelebten Erfahrung schätze. Ich habe ihre Betriebe besucht und gesehen, wie dort gearbeitet wird. Denn wo produziert wird, ist Vertrauen Voraussetzung. Ohne diese kann eine Ware allenfalls gut, niemals aber erstklassig werden. Produkte zu schaffen, ist nicht umsonst vergleichbar mit Kuchenbacken: Wird Liebe mit hinein gebacken, schmeckt der Kuchen ungleich viel besser.

Und noch etwas ist für alle Produkte gleich, egal welcher Warengruppe: Die Qualität steigt parallel mit der Zeit, die für ihre Herstellung aufgewendet wurde. Diese Tatsache wird sich auch in Zeiten der Beschleunigung durch das Web 3.0 nicht ändern. Natürlich spricht nichts gegen flüssige und effiziente Produktionsprozesse, die schließlich auch den Geldbeutel des Käufers schonen. Der Kundenvorteil wird aber hinfällig, wenn ein Stückpreis fixiert, der Produzent im Hintergrund aber bis an das Limit der Machbarkeit heruntergehandelt wird und schließlich am Rohwaren- oder Materialeinkauf sparen muss, um „überleben" zu können. So entstehen Qualitätsprobleme.

Ursache ist ein Kalkulationsirrtum, durch den Produktionspreise stets mit einem Faktor multipliziert werden. Die Qualität von Produkten ließe sich aber erhöhen, wenn ein Hersteller bessere Rohstoffe oder Bestandteile verwendete, die Verdienstspanne aber als fixen Geldbetrag definierte.

Ein Beispiel: Nehmen wir an, wir haben ein Textilprodukt, dessen Materialwert bei 50 Euro liegt.

Hochwertigere Zutaten wie zum Beispiel teure Knöpfe und Einlagen würden den Materialwert auf 55 Euro erhöhen. Bei einem branchenüblichen Kalkulationsfaktor von 3 läge der Verkaufspreis auf einmal bei 165 Euro und wäre damit dem einen oder anderen Kunden zu teuer.

Anders bei einer fix definierten Verdienstspanne: Nehmen wir an, sie soll 100 Euro betragen – denn der Aufwand für das Annähen von teuren oder billigen Knöpfen ist der gleiche –, dann könnte das Kleidungsstück für 155 statt 165 an den Kunden verkauft werden, obwohl die Produktqualität verbessert wurde. So ließen sich absatzfreundliche Preise gestalten, die nicht auf Kosten von Lieferanten und Qualität gehen.

Unsere Produktwelt hat genügend Herausforderungen, die wir als Endkunden nicht beeinflussen können, wie zum Beispiel die Zahlungsmodalitäten, durch die heute ein Produzent – und nicht mehr der Handel selbst – die Warenlager vorfinanziert. Fangen wir aber bei Dingen an, die uns als Verbraucher möglich sind, und gehen wir mit offenen Augen durch die Geschäfte und virtuellen Stores, dann können wir sehr wohl beeinflussen, welche Konsumkultur wir in Zukunft leben wollen. Zumindest für uns selbst.

Intelligenter Konsum ist nicht zuletzt die logische Antwort auf die Frage, was guter Stil eigentlich bedeutet: Er schließt den verantwortlichen Umgang mit Menschen, Ressourcen und Gütern ein.

Ihre Katharina Starlay

1 Anzüge und Kostüme

Markennamen sind längst kein Qualitätskriterium mehr. Es ist kein Geheimnis, dass auch sehr bekannte Designhäuser, die enorme Preise für „couturige" Kollektionen mit Glamour und Status verlangen, in Billiglohnländern fertigen lassen. Und das in ebenfalls nicht geringer Stückzahl. Exklusivität durch Seltenheitswert ist also auch bei den Nobelnamen kein Verkaufsargument mehr.

Kann man dann nicht genauso gut in den günstigeren Laden um die Ecke gehen? Praktisch gesehen kann man das sicherlich, wäre da nicht das Image des „Besseren", das den teuren oder modischen Marken anhaftet. Bei Kleidung geht es wie bei Autos nicht selten darum zu zeigen, was man hat.

Und um in der gewünschten Liga zu spielen, investieren Marken viel Geld in Imagekampagnen und müssen dafür – wie es scheint – nicht selten in der Produktion sparen. Wer aber nicht nur wegen des Labels kauft oder es sogar heraustrennt, möchte sich vielleicht detaillierter damit befassen, was gute Qualität in der Kleidung überhaupt bedeutet?

Woran erkennt Mann oder Frau heute, ob ein Kleidungsstück gut gemacht und seinen Preis wert ist? Dazu habe ich im Gespräch mit Lieferanten und kompetenten Textilfachleuten eine Checkliste für Verarbeitungsqualität zusammengestellt, die Sie in Kapitel 4 finden.

Was ist aber noch – wenn nicht die Qualität – relevant für die Preiskalkulation und rechtfertigt Preise von Kleidung? Neben Werbung und dem Image einer Marke finden wir verschiedene Modelle der Produktions- und Handelsketten mit unterschiedlicher Wertschöpfung:

Vertikalanbieter produzieren inklusive Stoffeinkauf und Produktionskostenrisiko selbst und haben damit sämtliche Zwischenhändler ausgeschaltet, was die Herstellungspreise verringert. Ob die Kostensenkung auch beim Verbraucher ankommt, ist eine andere Sache. In der Regel sind das Handelsketten, die preisaggressiv in den Markt gehen und in eigenen Stores verkaufen.

Angesichts der flächendeckenden internationalen Präsenz dürfen Sie riesige Produktionszahlen voraussetzen, und jeder muss für sich selbst entscheiden, ob er mit prägnanten modischen Aussagen einer von sehr vielen sein möchte.

Andere **Modeanbieter oder -marken** werden von verschiedenen Herstellern beliefert, die für sie Design und Entwicklungskosten des Modells, das Produktionskostenrisiko und in der Regel auch das Lagerrisiko übernehmen. Einige Kataloge arbeiten so. Trotzdem laufen die Kollektionen unter der eigenen Fahne des Modeanbieters, der Hersteller bleibt anonym und wird öfter mal ausgetauscht. Das führt

zu einem Preiskampf der herstellenden Betriebe, die einander unterbieten, um Aufträge zu erhalten oder zu behalten,
damit ihre Produktionskapazitäten ausgelastet sind. Und
obwohl viele dieser Betriebe am wirtschaftlichen Limit
arbeiten, kommt der tief kalkulierte Produktionspreis selten beim Verbraucher an.

Das Warenhaus-Modell sieht vor, mehrere Marken unter
einem Dach anzubieten, also „Multi Label" zu verkaufen.
Für den Verbraucher bedeutet dies eine größere Vielfalt bei
hoffentlich besserer Beratung, jedenfalls im sogenannten
stationären Handel mit physischen Läden. Auch die lässt
aber zusehends nach, denn so manche Warenhäuser sind nur
noch Flächenvermieter, deren *Shop in Shops* von markeneige-
nem Personal bewirtschaftet wird, das sich auch nur in der
eigenen Marke auskennt. Markenübergreifende Beratung
durch ausgebildetes Fachpersonal ist damit seit vielen Jahren immer mehr aus der Mode gekommen – und gleichzeitig stellt sie die große Chance für den Handel dar.

Denn Beratungsqualität ist das eine Juwel, das der statio-
näre Einzelhandel den Mono-Markenstores und dem Internetverkauf voraus hat. Kunden, die gute Beratung suchen
und finden, können zu Stammkunden werden – und wer
viele Stammkunden hat, ist auf Schnäppchenjäger, die allein
dem Preis folgen, weniger angewiesen. In der Undurch-
schaubarkeit der Preise wird gute Beratung wieder zunehmend gesucht. Oder was sonst erklärt die zunehmende Zahl
der Personal-Stopper und den Erfolg von Mode-Bloggern?

20 Beide versprechen Orientierung im Angebots-Dschungel und damit treffsichere Auswahl, der eine persönlich, der andere als unverbindliche Information. Allerdings sind auch davon zunehmend mehr von der Industrie „bezahlt" und berichten nur über Marken und Modelle, die sie geschenkt bekamen oder für die sie eine Provision erhalten haben.

Welche weiteren Komponenten sind in Preisen für Textilien enthalten? Nach den beschriebenen Strukturen und den Kosten für Vertriebswege (z.B. Ladenmiete versus Internet), Marketing und Werbung, Kosten für Warenhandling und Transport sowie kalkulatorische Lagerhaltungskosten kommen wir irgendwann ganz am Anfang der Kette auf die verwendeten Stoffe und Zutaten sowie bei der Verarbeitungsqualität an.

Mit der Frage nach der Qualität stellt sich gleichsam die Frage: Wie lang muss und wie kurz darf so ein Kleidungsstück eigentlich halten? Die Lebensdauer von textilen Kleidungsstücken ist heute leider immer mehr an schnelllebige Trends gebunden, weshalb sich die Frage nach der Qualität des Stoffs im Modeverkauf kaum noch stellt.

Qualitätsherausforderung Corporate Fashion
Ganz anders ist das übrigens in der Einkleidung von Firmenmitarbeitern, wo die Frage nach der Haltbarkeit naturgemäß elementar ist, deshalb ist sie für die Betrachtung von Qualität beispielhaft. Hier gilt: Eine

Grundausstattung von zwei Jacken, zwei Westen und vier Unterteilen wie Rock oder Hose sollte bei einem in Vollzeit an fünf oder sechs Tagen arbeitenden Mitarbeiter zwei Jahre halten, bevor sie ersetzt wird. Uniformen finden wir meistens bei Fluglinien und weiteren Anbietern von Fortbewegungsmitteln sowie Ladenketten, Gastronomie und Dienstleistern. Damit kämen wir auf rund 230 Tragetage für eine der beiden Jacken, wenn diese ganzjährig eingesetzt wird. Diese Definition begründet den Anspruch an die Scheuerresistenz des verwendeten Oberstoffes, bevor er an Sitz- und Auflageflächen anfängt zu glänzen (mehr dazu im Kapitel über Stoffe) und die Pflege der Kleidung. Nur ein einheitliches und professionelles Reinigungssystem stellt die gepflegte Warenoptik bei hohem Arbeitseinsatz sicher.

Bei Corporate Wear oder Corporate Fashion, wie es meist genannt wird, darf die modische Aussage – anders als bei der Mode – nicht an erster Stelle stehen. Trotzdem aber sollten die Schnitte regelmäßig an das Modebild angepasst werden, während das Design als solches bleibt, damit die Kollektion – und damit die Firma – noch modern wirkt. Zum Beispiel werden Damenblazer heute schmaler in Schulter und Armloch geschnitten als noch vor wenigen Jahren. Viele Unternehmen, in denen Dienstkleidung getragen wird, verschlafen das leider.

Solange wir als Konsumenten immer nur nach dem billigsten Preis suchen statt Preis und Leistung wieder in eine vernünftige Relation zu setzen und die Frage zu stellen, was in einem Preis eigentlich enthalten ist, wird „billig" die teure Lösung bleiben – dann nämlich, wenn die Warenoptik den Preis erkennen lässt oder der niedrige Preis auf Kosten der Gesundheit von Menschen in den Produktionsstätten geht – im schlimmsten Fall auf Kosten von Menschenleben wie etwa bei der Brandkatastrophe 2013 in einer Textilfabrik in Bangladesh.

Es ist ebenfalls kein Geheimnis, dass Veredelungsprozesse von Stoffen, beispielsweise für Glanz und einen soften Griff, wetter- und schmutzabweisende Eigenschaften oder auch das Gerben von Leder, Abfallstoffe produzieren, die teilweise giftig sind. Solange wir selbst diese Arbeiten nicht verrichten müssen, scheint das alles weit weg, in Wahrheit aber landen alle diese Stoffe in Flüssen und Abwässern, gelangen in die Nahrungskette und berühren uns auf einer übergeordneten Ebene sehr wohl – denn die Erde geht uns alle an.

Uli Burchardt, ehemaliger Marketing- und Vertriebschef bei *Manufactum* und ausgebildeter Landwirt und Förster zieht den Vergleich zwischen Wirtschaft und Landschaftsbau und beschreibt an Beispielen aus der Lebensmittelindustrie, was und warum in unserer Wirtschaft nicht funktionieren kann. Die Trends aus der Food-Branche finden wir einige Jahre später unweigerlich auch in der Textilindustrie wieder, so dass sein Buch „Ausgegeizt! Wertvoll ist besser – Das Manufactum-Prinzip" ein großartiges Lehrstück für jeden ist, der die Hintergründe der Produktion noch tiefer verstehen will. So schreibt Burchardt in Kapitel 2 „Beschweren sie sich doch bei der Globalisierung! Der Fluch der niedrigen Kosten" über die kompromisslose Gewinnorientierung der Konzerne: „Diese Unternehmen wollen prinzipiell so viel bekommen wie es nur irgend geht." Zusammengefasst: Maximale Stückzahlen, maximale Leistung aller Arbeitskräfte und Forderungserfüllung durch die Zulieferer bei minimalen Produktionskosten, Lohnkosten und Lieferungen/Leistungen.

In das Controlling, schreibt er in spannendem Schreibstil weiter, „zieht sich der Geist des Unternehmens zurück und fokussiert sich auf das scheinbar Wesentliche: auf die Zahlen. Alles andere wird damit zum Unwesentlichen. Die Kundenbeziehung, der Nutzen des Produkts, die Lieferantenbeziehungen, die Zufriedenheit der Mitarbeiter, die Umweltverträglichkeit, die Fairness im Allgemeinen, die Nachhaltigkeit – alles unwesentlich, denn all das ist nicht in Zahlen darstellbar. Man kann Fairness nicht ausrechnen." Besser kann man es nicht ausdrücken. Die Lektüre ist für jeden nachdenkenden Verbraucher warm zu empfehlen.

Tatsache ist: In einem deutschen Atelier kosten Design und Modellentwicklung mit mehreren Mustern und Gradierung in der Großkonfektion je nach Modell und Entwurf 2.000 bis 3.000 Euro. Diese Investition erfordert höhere Stückzahlen, damit sich der Aufwand lohnt. Folgerichtig macht sie Designdiebstahl durch Kopieren von Schnitten

24   zu einer naheliegenden und oft praktizierten Idee. Allerdings „benimmt" sich jeder Stoff eigen in Anschmiegsam-
keit, Elastizität und Nähverhalten, weshalb jeder Schnitt
in neuem Stoff ein neues Muster mit Anprobe verlangt. Je
nachdem, ob und wie gut dieser Arbeitsschritt gemacht
wird, kann eine Kopie schlechter – manchmal aber sogar
besser – als das Original sein. Denn unser Anspruch aus
Kundensicht an das Design ist genauso Tatsache:

Erwartungshaltung an Großkonfektion

- modische Schnitte – „chic chic chic"
- Konfektionierung – bequem und größenkonform
- Ober- und Futterstoffe für ein angenehmes Körper-
  klima, Wohlgefühl und Formstabilität
- anständige, dem Preis angemessene Verarbeitung
- Änderbarkeit zum Beispiel bei Hosenbein- und
  Ärmellängen sowie Weitenänderungen

Wendelin Ziegler, Geschäftsführer der LOI Moden GmbH
in Gera, entwickelt und produziert hochwertige Damen-
konfektion überwiegend für edle Modekataloge. Mit ihm
entstand das folgende Interview:

**Herr Ziegler, welche erkennbaren Merkmale kenn-
zeichnen gut gemachte Konfektion?**
W.Z.: Das gesamte Erscheinungsbild des Teils muss stimmig sein. Material und Schnitt müssen zum Artikel (Produkt) passen. Keine Frau will zum Beispiel eine Hose aus
zu dickem Stoff, der aufträgt. Der „Griff" des Oberstoffes

sollte angenehm sein. Eine schöne Verarbeitung erkennen Sie bei einem genaueren Blick auf die Details: Ein ruhiges und sauberes Nahtbild, Abnäher, die keine „Tüten" an den Enden bilden dürfen, gut angenähte Knöpfe, nicht fransende Knopflöcher, außerdem – das wird immer wichtiger –, die Innenverarbeitung und seine Details, wie Futternähte, Versäuberungsnähte (Kettelung), Paspeln, Staffierung der Säume etc.

Wie sieht eine Qualitätskontrolle in der Textilproduktion aus?

W.Z.: Der erste Eindruck muss ein „gutes Gefühl" vermitteln. Dann überprüft man den Größenausfall, also die effektiven Maße zum Beispiel von Brustumfang, Hüftumfang oder Beinlänge des fertigen Kleidungsstücks anhand der vorgegebenen Maßtabelle. Das Ist-Maß wird also mit dem Soll-Maß verglichen. Dann wird die Verarbeitung der Näharbeiten wie Nahtverläufe und Stichdichte sowie die oben genannten Details betrachtet und bewertet. Am Prüfende werden die Inhalte der Labels, Pflegeanleitungen etc. und die Verpackung geprüft.

Die Pflichtenhefte der Auftraggeber sind meist so dick, dass man in der zeitkritischen Angebotsphase keine Zeit hat, sie zu lesen. Daraus entstehen Missverständnisse und „Produktionsfehler", die zwar qualitativ keine sind, aber als Reklamationsgrund dienen. Dies kann dazu führen, dass der Produzent den bereits knapp bemessenen Preis noch mehr vergünstigen muss.

Welche Stückzahlen sind mindestens nötig, damit ein Produzent rentabel arbeitet?

W.Z.: Hier ist natürlich alles relativ, abhängig von Marke und Preis. In der EU wird ab 50 Stück produziert, in Asien erst ab 500 Stück. Wir als Entwickler/Produzenten müssen neben den Produkteinzelkosten (Material, Lohn und Transport) vor allem die Entwicklungskosten einspielen.

Wenn wir von den Materialkosten absehen, was darf zum Beispiel eine Damenjacke pro Stück in der Produktion kosten?

W.Z.: Die Produktions-/Lohnkosten am Beispiel eines Blazers in guter Verarbeitungsqualität in:

- Deutschland/Italien ab ca. 100 Euro
- Polen/Kroatien ca. 18 bis 25 Euro
- Bulgarien/Rumänien 12 bis 20 Euro
- Tunesien/Ukraine 8 bis 12 Euro
- China 6 bis 10 Euro
- Vietnam 3 bis 8 Euro

Generell gilt: je niedriger der Stückpreis, umso höher muss die Stückzahl sein bzw. umso geringer die Qualitätsansprüche. *H&M* oder *Zara* machen schon mal 30.000 bis 100.000 Stück von einem Teilchen.

Wie hoch ist die Spanne des Auftraggebers?

W.Z.: Zwischen Multiplikationsfaktor 2,5 und 5 ist alles möglich. Abhängig vom Markenwert!

Welche Punkte im Gespräch zwischen Produzent und Auftraggeber sind wichtig, damit beide überleben können und der Kunde gleichzeitig größtmögliche Qualität erhält?

Naturgemäß will der Auftraggeber die Preise niedrig halten, und es interessiert ihn nicht, was der Stoff kostet. Daher werden gerade Preiserhöhungen während des Entwicklungs- und Produktionsprozesses nicht akzeptiert. Oft werden Hersteller gegeneinander ausgespielt und der billigste genommen. So können langfristige Lieferketten und Geschäftsbeziehungen mit herstellenden Betrieben gar nicht erst aufgebaut werden, was oft auf Kosten der Qualität geht. Ein Produktionsbetrieb bräuchte normalerweise ca. zwei Saisons, bis er die Qualität liefert, die eigentlich gebraucht wird. Diese Zeit steht heute nicht mehr zur Verfügung, weil dann irgendein Konkurrent ein billigeres Angebot macht, um wiederum die eigenen Kapazitäten auszulasten. Qualität hat aber unbedingt auch mit Kontinuität zu tun und braucht einen stabilen Prozess.

Mehr Zeit und ein partnerschaftliches Gespräch zwischen Auftraggeber und Produzent wären gut, doch dies würde für den Endkunden einen höheren Preis bedeuten, den er aber heute nicht mehr zu zahlen bereit ist. Er hat sich an niedrige Preise im Modekonsum gewöhnt. Und wenn die ganz Großen in die Preisschlacht gehen, dann müssen ohnehin alle mitziehen. Kurz: Der Konsument bestimmt indirekt das Spiel. Ihn interessiert nur noch der Deal, der billigste Preis.

Früher hat man sich eine Jacke gekauft und gewusst, dass man sie durchschnittlich drei Jahre tragen wird. Heute weiß man bereits beim Kauf, dass man sie in zwei Monaten durch eine neue ersetzen wird. Und das öffnet Tür und Tor für „Schund".

Preisangebote an den Auftraggeber müssen meist unter Druck abgegeben werden – oft bevor wir wissen, wie sich der Stoff verarbeiten lässt und die Materialien reagieren. Aber gerade solche Details – und die notwendige Zeit dafür – machen ein Produkt aber richtig gut! Da wird es fast unmöglich, genau zu kalkulieren – statt einfach nur möglichst niedrig. Am Ende leidet das Produkt darunter, und der Kunde bekommt nicht, was er in der Preislage bekommen könnte.

2 Hemden, Blusen und Shirts

Im Artikelbereich, also allen Kleinteilen in der Mode, sind die Preisunterschiede besonders frappierend und nirgendwo sonst wird so deutlich, wohin uns der Markenhype geführt hat: T-Shirts zum Beispiel bekommt man in den sogenannten Textildiscountern bereits für wenige Euro, im Doppelpack, versteht sich, dagegen blättert man in der Markenboutique und mit Aufdruck des Labels dagegen manchmal das Zwanzigfache hin.

Dabei müsste ein Markenfan, der das Logo eines beliebten Labels werbewirksam spazieren trägt, doch beinahe eine

Promoter-Gage bekommen – statt dafür annähernd 100
Euro zu zahlen. Umgekehrt glauben manche Leute tatsächlich, ein Shirt koste nur 4 Euro inklusive Mehrwertsteuer und verwenden nicht einen einzigen Gedanken darauf, ob das realistisch ist: Klar – je größer die Produktionsmenge pro Artikel und Farbe, desto kleiner der Preis. Denn die Nähmaschinen müssen zwischendurch seltener umgefädelt werden, und dem Webstuhl (z.B. für Hemdenstoffe) ist es auch egal, wie viele Laufmeter Stoff durchlaufen – wenn er erst einmal in Gang ist. Die für T-Shirts verwendeten Jerseyqualitäten, welche gewirkte, nicht gewebte Waren sind, kosten bei einem europäischen Hersteller etwa sieben bis neun Euro pro Kilogramm, wovon ca. 300 Gramm (Westtürkei) für den Zuschnitt eines Stücks gebraucht werden. Wenn der Stoff für ein T-Shirt also zwischen 2,10 und 2,80 Euro kostet, blieben noch zwischen 1,20 und 1,90 Euro für Nähen, Kontrollieren, Verpacken, Transportieren, Präsentieren und im Laden Verkaufen sowie die Mehrwertsteuer. Kurz: Der Billigpreis ist genauso unrealistisch wie der aus dem Nobelladen.

Kein Produkt kommt aber – außer der Unterwäsche inklusive Strumpfhosen – so großflächig mit unserer Haut in Berührung wie diese Kleinteile. Darum lohnt sich ein Blick auf die Qualität nicht nur im Hinblick auf den Preis, sondern vor allem mit Blick auf die Hautverträglichkeit und die Lebensdauer, sprich: Die Waschzyklen, die so ein Kleidungsstück mitmacht. Nicht umsonst sind Hemden, Blusen und Shirts traditionell aus Baumwolle, Viscose – einer chemisch hergestellten Faser aus Holzzellulose – oder Seide, also weitgehend natürlichen Geweben. Polyester hat erst seit wenigen Jahrzehnten einen festen Platz in der Kleinkonfektion.

Nun aber kommt der moderne Zeitmangel ins Spiel: Frau oder Mann bringen heutzutage nur noch eine geringe Bügeltoleranz auf, alles muss schnell gehen. Und das rechtfertigt chemische Oberflächenbehandlungen, sogenannte Ausrüstungen, von *easy care* bis *bügelfrei*. Es ist wie mit den Fertiggerichten der Lebensmittelindustrie. Leider nur dichten diese Chemikalien das Gewebe auch ab, so dass Menschen mit einer „höheren Körpertemperatur" darin schneller anfangen zu schwitzen.

Im Lebensmittelbereich wird schon lange von „Convenient Food" gesprochen, hier sollten wir ruhig von „Convenient Fabrics" reden – also von künstlich passend, bequem oder komfortabel gemachten Stoffen. Durch Chemikalien. Inzwischen gibt es Initiativen, die Produzenten und Auftraggeber zu Detox-Bekenntnissen bewegen wollen und damit auf umweltschädliche Chemikalien – die ja aus den Abfällen der Produktion und auch beim Waschen unserer Kleidung zuhause wieder in der Nahrungskette wieder auftauchen – zu verzichten. Zum Beispiel widmete sich die Frauenzeitschrift *Brigitte* in Heft 25/2013 mit einem Mode-Report dem Thema unter der Überschrift „Vorsicht, Mode?". Der Artikel beschreibt die Problematik sehr gut:

Durch die Struktur der Textilbranche, in der Produktions-
aufträge an verschiedene herstellende Betriebe vergeben
und oft über Zwischenhändler abgewickelt werden, ist
kaum noch kontrollierbar, wer für wen fertigt und welche
Chemikalien in unserer Kleidung landen. Besonders die
Funktions- und Outdoor-Bekleidung bedient sich hoch-
technischer und chemischer Möglichkeiten, um die Kleidung mit Hochleistungs-Eigenschaften zu versehen, weil
es der Kunde angeblich so verlange, und *Brigitte* kommt
zu dem schlüssigen Ende, dass die Menge der verwendeten
Chemikalien jede zu erwartende Regenmenge, die durch
Wetterbekleidung ja abgehalten werden soll, nahezu absurd
übertrifft. Aufhänger des lesenswerten Artikels ist eine von
Greenpeace initiierte Detox-Kampagne. Der Weg ist noch
weit und der Profit mit Textilien zu groß, solange wir sie
als Wegwerfartikel konsumieren.

Dagegen hat derjenige lange Freude an der Kleidung – auch
in allen anderen Warengruppen –, der gut mit ihr umgeht.
Im Fall von Hemden, Blusen und Shirts, deren Krägen ja
auch nahe am Gesicht sitzen und den Pflegezustand sofort
sichtbar machen, bedeutet das:

Beim Waschen

- Bekannterweise Wäsche immer nach hell und dunkel und
  nach den Waschtemperaturen trennen.
- Knöpfe schließen und farbempfindliche Kleidungsstücke
  auf Links drehen.

• Weniger Ladung in die Waschmaschine geben und Einstellung auf Feinwäsche (höherer Wasserstand) wählen.

• Schleudern auf geringer Tourenzahl und nicht im Trockner trocknen.

• Nach der Wäsche möglichst schnell aufhängen, damit die Ware nicht so stark einknittert.

Beim Bügeln

• Baumwollwaren auf drei Punkten, Seide und Polyester-Mischgewebe auf zwei Punkten bügeln.

Entsorgen sollten Sie Ihre Hemden, Blusen und Shirts, wenn sie abgestoßene Kragen und Kragenecken zeigen oder bei Wirkwaren (Shirts) die Farbe verblichen scheint oder der Stoff die Form verliert. Je nach Pflege ist das nach 35 bis 40 Wäschen der Fall.

Erwartungshaltung an Hemden, Blusen und Shirts

• hautsympathische Stoffe, auch bei der Nahtverarbeitung
• leichte Pflege auch bei vielen Waschzyklen
• modische Schnitte, Farben und Dessins
• Farbechtheit

Jörg Kümmel, Geschäftsführender Gesellschafter der *Kümmel & Co. GmbH,* antwortete aus Produktionssicht. Der seit 1965 bestehende Betrieb stattet Firmen mit Hemden, Blusen und Shirts aus und hat sich seit einigen Jahren auch einen Namen mit Schulkleidung gemacht.

Herr Kümmel, welche erkennbaren Merkmale kenn-
zeichnen gut gemachte Hemden, Blusen und Shirts?

J.K.: Wenn man auf Details achtet, erkennt man, wie sorgfältig ein Teil verarbeitet wurde. Beim Hemd sollten keine Fäden weghängen, die Knopflöcher sollten ordentlich vernäht sein, ohne dass Fäden im Loch hängen. Die Knöpfe sollten kreuzvernäht sein. Die Stichzahl der Nähte sollte mindestens sieben Stiche pro Zentimeter betragen. Wenn das Hemd ein Muster hat, sollte dieses bei Nahtübergängen und auch bei Brusttaschen angepasst sein. Der Kragen, die Manschette und auch die Knopfleiste sollten mit einer guten Einlage verklebt sein. Am Schlitz oberhalb der Manschette sollte ein kleinerer Knopf sein. Kragenstäbchen sollten herausnehmbar sein. Das Hemd sollte schließlich genügend lang sein, dass es nicht aus der Hose rutscht.

Wie sieht eine Qualitätskontrolle in der Produktion aus?

J.K.: Vor dem Zuschnitt wird erstmal der Stoff auf eventuelle Webfehler oder Fadenverdickungen kontrolliert. Auch wird der Einlauf der Ware mittels eines Waschtests geprüft und dokumentiert. Für jeden Stoff kommt es darauf an, dass die richtige Fadenspannung berücksichtigt wird und auch das Nähgarn passt. Die Einlage muss ebenfalls passend für den Stoff ausgewählt und mit der richtigen Temperatur fixiert werden. Die fertigen Hemden werden dann noch einmal kontrolliert, ob die Maße eingehalten wurden und ob die Nähte sauber verarbeitet sind, und lose Fäden werden entfernt.

Welche Stückzahlen sind mindestens nötig, damit ein Hemdenproduzent rentabel arbeitet?

J.K.: Das hängt von der Größe des Betriebs ab. Eine Fertigung mit 50 Nähern benötigt eine andere Stückzahl als eine Näherei mit 500 Nähern. Generell wird jede Produktion effektiver, je größer der Auftrag ist. Deshalb sind Kleinmengen auch immer mit einem entsprechenden Mindermengenzuschlag zu vergüten.

Was darf so ein Artikel in der Produktion kosten?

J.K.: Das hängt von dem Produktionsland ab. In Europa kosten ein Hemd oder eine Bluse in der Herstellung zwischen 9 und 20 Euro pro Stück, je nachdem ob ein günstiger Stoff aus Fernost oder ein hochwertiger Stoff aus Europa eingesetzt wird. In Fernost sind die Preise natürlich deutlich günstiger.

Wie viele Waschzyklen sollte ein Hemd aushalten, um „ein gutes Hemd" zu sein?

J.K.: Das hängt stark von dem Gewebe des Stoffes ab, aber 30 bis 50 Waschzyklen bei normaler Haushaltswäsche sollte ein Hemd aushalten.

Welche Punkte im Gespräch zwischen Produzent und Auftraggeber sind wichtig, damit beide rentabel arbeiten können und der Kunde gleichzeitig größtmögliche Qualität bekommt?

J.K.: Es sollte gewährleistet sein, dass die Arbeiter zumindest den gesetzlichen Mindestlohn gezahlt bekommen.

Gute, erfahrene Näher sollten auch entsprechend höher
entlohnt werden. Die sozialen Bedingungen müssen ebenfalls stimmen. Es sollte auch Geld für Investitionen in neue
Maschinen übrigbleiben. Letztendlich sorgt nur eine höhere
Effektivität für einen günstigen Fertigungspreis.

Diese ist auch notwendig, da es schon jetzt schwierig ist,
neue Näher zu bekommen, und das Problem in Zukunft
noch gravierender werden wird. Das ist ein weltweites Problem: Produktionsjobs in der Elektronikindustrie – oder auch
als Verkäufer im Handel – werden gleich oder besser bezahlt
und sind vergleichsweise leichter, denn den ganzen Tag an
einer Nähmaschine zu sitzen und non-stop hohe Konzentration aufzubringen, ist sehr anstrengend. Dadurch beobachten wir eine Abwanderung in andere Branchen. Es gibt
Ausnahmen, etwa in Ländern wie Bangladesch, da ist Nähen
einer der wenigen Möglichkeiten, überhaupt Geld zu ver-
dienen, und das wird von der Textilindustrie (aus)genutzt.

3 Maßkonfektion

Glücklich-stolz präsentierte sich die Kundin im Maßatelier
ihres Vertrauens. Sie hatte in sechs Monaten zwei Kleider-
größen abgenommen und wollte sich nun mit einem neuen
Ensemble auf Maß belohnen. Was nun passierte, hatte mit
kompetenter Beratung etwa so viel zu tun wie eine Ente mit
dem neuesten Modell von Mercedes: Der Hosenschnitt, der
bereits von Größe 46 auf 44 eine Größe nach unten abgeändert worden war, sollte erneut als Grundlage dienen, um

die neue, noch kleinere Hose in der nun passenden 42 für die Kundin anzufertigen.

Wer ein bisschen Grundverständnis von Kleidung und den Größensprüngen der Konfektionsgrößen hat, kann sich denken, dass Änderungen um eine Konfektionsgröße funktionieren, nicht aber um zwei oder mehr. Die Abstände der Grundlinien im Schnitt, zum Beispiel vom Schritt bis zur Bügelfalte, verändern sich, so dass es schlichtweg nicht ausreicht, nur an der Seitennaht „a bisserl" anzupassen.

Als Begleiterin der Kundin musste ich einschreiten, um durchzusetzen, dass man sich die Mühe machte, die figureigenen Maßanpassungen auf Basis der korrekten Konfektionsgröße 42 zu machen – und damit noch einmal neu anzufangen.

Diese Geschichte – geschehen in Deutschland – zeigt, wo Qualität in der Maßkonfektion beginnt: In der Ausbildung des Personals, das Beratung, Maßnehmen und Ändern gründlich beherrschen sollte und keine Kompromisse macht, wenn es um Millimeter und Minuten geht. Denn Maßkonfektion ist nichts für Faule. Gerade Frauenkörper haben wegen des dehnbareren Bindegewebes viel mehr Stellen, wo sie zu- oder abnehmen könnten, was Maßarbeit für Frauen zu einer wahren Kunst macht. Dazu kommt, dass Frauen tendenziell eine stärkere emotionale Verbindung mit ihrem Körper haben, weshalb sie anspruchsvoller und empfindlicher sind. „Ich weiß schon, was ich an meinen Männern

habe", sagte mir einmal eine erfahrene Verkäuferin der Her-
ren-Maßschneiderei. „Die sind zufrieden, auch wenn es bei
der Abholung mal nicht ganz so perfekt sitzt. Frauen aber
mäkeln an jeder Kleinigkeit herum." Maßkleidung muss
nämlich immer zweimal „verkauft" werden: Einmal beim
Maßnehmen – und noch einmal bei der Abholung.

Der Siegeszug der Frauenquote allerdings legt nahe, dass die
Maßangebote auch für Frauen schnellstens aus ihren Kinderschuhen kommen sollten. In der Damengarderobe gibt
es beispielsweise ein Kleidungsstück, das eigentlich jede
Frau im Job und privat gut aussehen lässt, sofern es perfekt
sitzt: das Etuikleid. Wenn alle Nähte, Säume, Abnäher und
der Ausschnitt auf der richtigen Höhe sitzen, entwickelt es
Charme und eine Ausstrahlung von Kompetenz zugleich.
Beides steht Frauen im Business gut. Und wenn sie in Spit-
zenpositionen wollen, brauchen sie vor allem eines:

Kleidung, auf die sie sich verlassen können und die ihnen
Souveränität gibt. Dieses Bedürfnis ist in Modeläden nicht
immer zu befriedigen, insbesondere, wenn die Frau eine
Figur hat, die mit „Stangenware" – also gängigen Konfektionsgrößen im Normalgrößensatz – schwer einzukleiden
ist. Dann ist „Maß" der Schlüssel zur Eleganz. Und an *Chic*
sollte es auch nicht fehlen – er hebt das Selbstbewusstsein
und die Laune. Die oft wuchtig anmutenden Blazer, die
an Herrensakkos erinnern, sind nicht das, was Frauen sich
erträumen. „Rüstung" nennt es zum Beispiel die Wies-
badener Designerin Angelika Platte, die mit ihrem Label

Chichino einen anderen Stil in der Maßanfertigung etabliert hat, der Bewegung und einen entspannt-lässigen Auftritt erlauben soll.

Kleidung für Frauen im Business sollte zwar Formalität wahren und schon gar nicht weibliche Reize in den Vordergrund spielen, sie muss aber, um eine Zukunft zu haben, weichere Stoffe, lebendige Strukturen und Farben und bewegungsfreundliche Schnitte und Verarbeitungen entwickeln. Kurz: Die Kleidung sollte angezogen, chic und modisch – aber nicht zu trendig sein. Nur so können Frauen im Business von unsichtbaren Mitläufern zu unübersehbaren Mitspielern werden. Der schwarze oder anthrazitfarbene Anzug, der meistens auch noch schlecht sitzt, ist für die Karriere von Frauen dabei eher kontraproduktiv.

Von uns als Kunden verlangt „Maß" die Reife der Entscheidung – denn Änderungswünsche sind ab einem bestimmten Punkt der Anfertigung nicht mehr möglich – und einen realistischen Blick auf das Machbare: Eigenheiten des Körpers werden durch Maßkleidung zwar gut inszeniert, nicht aber unsichtbar gemacht.

Der Begriff „Maßkleidung" wird übrigens erst seit der Industrialisierung verwendet, um sich von Angeboten aus Serienfertigung abzuheben – davor war quasi alles *Maß*.

Ein guter Maßanbieter hat für seine Kundinnen neben einer Grundpalette von klassischen Business-Stoffen auch Modisches zur Auswahl und versteht sich perfekt auf die Kunst, Schnitte und Farben auf die Persönlichkeit von Frau oder Mann abzustimmen.

Stilberatung ist hier gefragt, aber auch ein Wissen um den strategischen Einsatz von Kleidertypen und -formen, denn die Kundin, die in einer Bank arbeitet, braucht mehr „Rüstung" als die Marketingleiterin oder Kreativdirektorin. Und es ist auch nicht ratsam, schicker als der Chef gekleidet zu sein oder umgekehrt zu lässig bei einer wichtigen Präsentation zu erscheinen. Ein Maßspezialist ist also gleichzeitig ein Profi des Schneiderhandwerks, ein Stilberater und ein Karrierecoach. Oder er arbeitet mit solchen zusammen.

Denn die Verantwortung ist groß: Um den höheren Preis der Arbeit auf Maß zu rechtfertigen, muss das Ergebnis unangreifbar und über Kritik erhaben sein. Negative Bemerkungen aus dem Umfeld nimmt man ernst (und meistens persönlich) – und das betreffende Kleidungsstück wird ab dem Moment eine Schrankleiche. Und genau das riskiert auch, wer unzutreffende Maße in die Eingabemaske eines Internetanbieters eingibt, weil er es nicht besser weiß. Denn das Ergebnis ist immer nur genau so gut, wie der verarbeitende Betrieb mit den Maßen auch etwas anfangen kann. Die digitale Bestellung ist dagegen die perfekte Lösung, wenn man ein Modell mit erprobten Maßen in gleicher Stoffqualität nachbestellen möchte, um Zeit zu sparen. In einem guten Zusammenspiel zwischen Maßkonfektionär und Kunde funktioniert das ohne Einbußen der Ergebnisqualität.

Ein Spezialist weiß das Maßband kontinuierlich gleich eng oder weit anzulegen, achtet auf Maßhaltigkeit des Maßbandes, das sich bei sehr warmen Temperaturen und je nach Material auch weiten und geringfügig – aber für die Maßangaben bedeutsam – an Länge gewinnen kann, und er kennt auch die Angewohnheit seiner Kunden, die Brust herauszustrecken, sobald sie vor dem Spiegel stehen. Der sensible Fachmann wird Sie dann in einen Small Talk verwickeln, bis Sie wieder „normal" stehen, bevor er Maß nimmt.

Erwartungshaltung an Kleidung auf Maß

- exzellente Passform, was die Erscheinung elegant macht
- Bewegungsspielraum, der dem individuellen Bewegungsmuster entspricht
- Betonung und Ausgleich der Körpersilhouette und Proportionen nach Wunsch
- hochwertige Verarbeitung und Details (zum Beispiel aufknöpfbare Ärmelknopflöcher)
- Individualität: ein Unikat, das niemand sonst trägt

Natürlich gibt es noch Ideen, die unsere Kundenerwartung übertreffen würden, wie beispielsweise eine Abdeckung für die Tastatur des Laptops aus dem Anzug- oder Kostümstoff, eine individuelle Handyhülle, das Manteltuch oder den Poncho zum Businesskostüm – alles sinnvolle Nebenprodukte. Aber wir wollen ja nicht zu kühn in unseren Träumen von der maßgeschneiderten Lösung für unseren Stilalltag sein.

Für das Gespräch über Maßkleidung stand Peter Klotz zur Verfügung, Geschäftsführer des gleichnamigen Herrenkleiderwerks, das seit 1949 Serien und Einzelanfertigungen in Deutscher Produktion fertigt. Es zählt mit seinen 120 Mitarbeitern zu den traditionsreichsten und gleichzeitig modernsten Unternehmen für Herrenoberbekleidung (HAKA) in Deutschland.

Herr Klotz, woran erkenne ich als Kunde, ob mein Berater für einen Maßanzug – oder ein Kostüm – kompetent ist?
P.K.: In der Beratung versuche ich, mein Fachwissen über Oberstoffe und Schnitte auf den Kunden zu transferieren. Er sollte sich den Oberstoff zweck- und typgebunden aussuchen. In der Auswahl des Schnittes sollte Rücksicht auf den Körper des Trägers genommen werden.

Die Kompetenz eines Beraters erkennt man, wenn er Details hierzu erklären und sich auf die geforderten Wünsche einlassen kann.

Was ist mit Maßanbietern aus dem Internet, und was ist das Problem dabei?
Maßanbieter im Internet können keine persönliche Beratung anbieten. Sie überlassen alle Fragen bezüglich des Stils, inklusive das Maßnehmen, dem Kunden. Wer stilsicher ist und etwas Know-how mitbringt, kann Glück haben.

Der Kunde wird in der Regel nach der Auslieferung des Produktes alleine gelassen, d.h. ein Feintuning hinterher ist nicht möglich. Meiner Meinung nach sollte das Thema Maßanfertigung nicht über das Internet angeboten werden. Das Kleidungsstück sollte schließlich die Persönlichkeit des Trägers unterstreichen und ein besonderes Wohlgefühl erzeugen.

Und wie lang darf die Produktion dauern?
Die Lieferzeit sollte rund vier bis fünf Wochen nicht überschreiten.

Was ist der Unterschied zwischen einem Maßschneider und einem Maßkonfektionär?
Ein Maßschneider entwickelt für jeden Kunden seinen eigenen Schnitt, somit kann er das zu produzierende Kleidungsstück sehr genau abstimmen. Es wird in der Regel komplett in Handarbeit produziert. Wogegen der Maßkonfektionär das Maß des Kunden auf eine Konfektionsgröße aufsetzt. Als Basis dient ein vorhandener Schnitt, dieser wird individuell auf die figürlichen Eigenheiten des Trägers abgeändert. Die anschließende Produktion läuft industriell ab.

Was ist typisch für Maßanbieter aus Asien, und gibt es wirklich einen sichtbaren Unterschied?
Typische Unterschiede zwischen den Produkten gibt es nicht. Ein großer Teil der Serienfertigung kommt mittlerweile aus dem asiatischen Raum. Das Hauptproblem der asiatischen Maßkonfektionäre liegt darin, dass sie ihre Pro-

dukte über das Internet anbieten, was zu den bereits erwähn- ten Schwierigkeiten führt. Die etwas längeren Laufzeiten, bedingt durch den Transport, sind ein weiterer Nachteil.

4 Checkliste für gute Textilverarbeitung

Was kennzeichnet gute Verarbeitung bei Kleidung? Letztlich ist jeder selbst verantwortlich, wie er von anderen wahrgenommen werden möchte: Ein besonders angesagtes, aber gleichzeitig schlecht verarbeitetes Teil vermittelt, dass sein Träger stark beeinflussbar von Moden, Trends und anderen Leuten ist – und jederzeit zum Wechseln bereit. Es verrät aber auch einen unterentwickelten Sinn für Qualität. Beides ist zum Beispiel in Bewerbungsgesprächen keine Empfehlung, und auch Firmen vermitteln einen schlechten Eindruck, wenn sie ihre Mitarbeiter in sichtlich billig verarbeitete Uniformen einkleiden.

Dagegen wirkt ein Kleidungsstück aus einer vergangenen Dekade, auch wenn es sehr gut verarbeitet ist, verstaubt und unflexibel. Für Sie heißt das also, die goldene Mitte zu finden. Vor einigen Jahren habe ich im Gespräch mit meinen Lieferanten eine Liste erarbeitet, die als Maßstab für gut gemachte Textilverarbeitung gilt und auch Basis von Qualitätskontrollen ist. Ich habe sie leserfreundlich überarbeitet, so dass Sie mit ihr gute Verarbeitung üblicher Konfektionsware an diesen Details erkennen. Vieles aus dieser Checkliste lässt sich bereits beim Ladenkauf prüfen, einiges ergibt sich erst nach dem Reinigen.

Stoffe und Flächen

☐ Bei rechter und linker Stoffseite – sofern erkennbar – ist die rechte außen.

☐ Reverskrägen liegen flach an und stehen nicht ab.

☐ Oberstoff und Futter haben keinen Bügelglanz und keine Bügelabdrücke. Dies ist übrigens später auch ein wichtiger Punkt zur Beurteilung der Qualität Ihrer Reinigung! Denn Bügelabdrücke sind irrevidierbar.

☐ Die Brusteinlage bei Sakkos und Blazern sollte auch nach mehrmaligem Tragen und Reinigen keine Blasen werfen.

☐ Futterstoffe aus Viscose geben ein besseres Körperklima als z.B. reine Polyesterfutter. Die sind dafür in belasteten Innentaschen ideal, weil haltbarer.

☐ Am Innenfutter entdecken Sie keine Gewebeschäden, und es hat (bei Jacken) genügend Längen- und Bewegungszugaben am Saum, in der Ärmellänge und der Rückenmitte.

☐ Die Farbe des Futters ist gleichmäßig.

Garne und Nähte

☐ Die Farbe der verwendeten Garne ist Ton-in-Ton oder aber gewollt in einem Kontrastton. Geringe Farbabweichungen wirken eher schluderig als modisch.

☐ Dichte, dem Material angemessene Stichlängen, die keine der Lagen perforieren. Bei Oberbekleidung wie

Jacken und Hosen ist die Stichlänge 3 bis 4 Stiche pro Zentimeter Naht, bei Blusen und Oberhemden 7 bis 10 Stiche pro Zentimeter.

☐ Einstichstellen sollten am Oberstoff nicht sichtbar sein, sonst waren die Nadeln zu dick.

☐ Die Nahtzugaben sollten an Längennähten 1 bis 1,5 Zentimeter betragen, in den Reverskanten nur 0,5 Zentimeter.

☐ Die Nahtzugaben sollten nicht durch Bügelfehler außen sichtbar sein (Achtung Reinigung!)

☐ Nahtzugaben an Synchronnähten sind jeweils in die gleiche Richtung, also nach vorne oder hinten gebügelt.

☐ Ärmeleinsatznähte sind glatt, wellen nicht, und liegen an der Armkugel an.

☐ Es hängen keine Fadenenden herunter.

☐ Futternähte sind glatt und kräuseln nicht.

☐ Abnäher wie Brust- und Taillenabnäher sind flach auslaufend und bilden an ihren Enden keine „Tüten".

☐ Saumzugaben betragen 4 oder mehr Zentimeter, damit man auch noch verlängern kann und der Saum gut fällt.

☐ Säume sind mit Blindstich fixiert und die Nähte außen nicht sichtbar. Bei Hemden/Blusen sind sie gesteppt.

Einlagen und Zutaten wie Reißverschlüsse

☐ Reißverschlüsse sind farblich abgestimmt und auch nach der Reinigung leichtgängig.

☐ Haken und Stege sind flach und tragen nicht auf.

☐ Metallische Zutaten müssen nickelfrei sein.

☐ Einlagen bei Jacken und Sakkos sind leicht, anschmiegsam und trotzdem formstabil.

☐ Einlagen wellen auch nach vielen Reinigungen nicht und lösen sich nicht vom Oberstoff.

Taschen und Details

☐ Taschenklappen und Paspeln sind gleichmäßig breit.

☐ Klappentaschen sitzen gleich hoch, sind gleichmäßig in der Form und weisen konstante und gleiche Rundungswinkel auf.

☐ Das Stoßband bei Herrenhosen steht einen Millimeter über der fertigen Saumkante.

☐ Jedes Kleidungsstück muss nach Textilkennzeichnungsgesetz (TKG) korrekte Angaben und Symbole zu Stoffkomposition, Reinigungsempfehlung und Herstellungsland haben.

Knöpfe und Knopflöcher

☐ Knöpfe sind farblich und stilistisch abgestimmt (oder gewollt kontrastierend) und optisch werthaltig. Wenn nicht, bitte ersetzen!

☐ Die Knopfabstände sind gleichmäßig und die Knöpfe auch nach der Reinigung farbecht.

☐ Ärmelknöpfe bei Herrensakkos berühren sich und stehen sogar leicht übereinander.

☐ Knöpfe sind mit der Hand angenäht und verbinden Stoff und Knopf zuverlässig, bei Jacken, Sakkos und

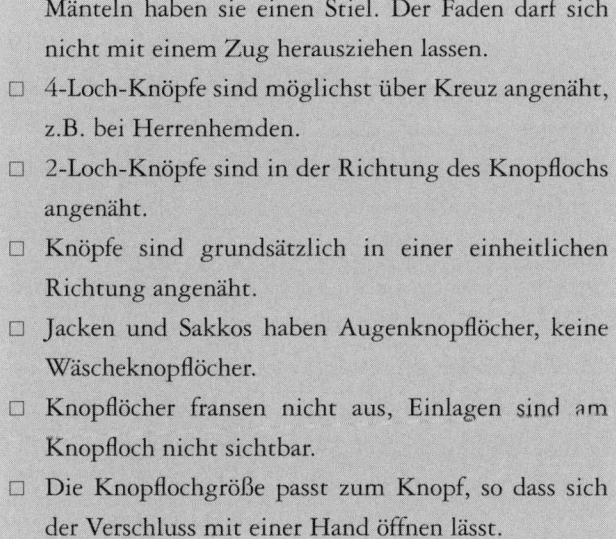

Mänteln haben sie einen Stiel. Der Faden darf sich 47
nicht mit einem Zug herausziehen lassen.

☐ 4-Loch-Knöpfe sind möglichst über Kreuz angenäht,
z.B. bei Herrenhemden.

☐ 2-Loch-Knöpfe sind in der Richtung des Knopflochs
angenäht.

☐ Knöpfe sind grundsätzlich in einer einheitlichen
Richtung angenäht.

☐ Jacken und Sakkos haben Augenknopflöcher, keine
Wäscheknopflöcher.

☐ Knopflöcher fransen nicht aus, Einlagen sind am
Knopfloch nicht sichtbar.

☐ Die Knopflochgröße passt zum Knopf, so dass sich
der Verschluss mit einer Hand öffnen lässt.

Natürlich hat manches auf dieser Liste auch mit der Quali-
tät der Reinigung zu tun, insbesondere die Sichtbarkeit von
Nahtzugaben oder die Oberfläche der Brustpartie, wo die
Einlage eingebügelt ist. Die Reinigung guter Kleidung ist
„Chefsache", Sie müssen sich also höchstpersönlich darum
kümmern, welcher Reinigung Sie diese Teile anvertrauen.
Es ist Ihre Entscheidung – nicht die Ihrer Putzfee.

Eine gute Reinigung bügelt selbst und mit der Hand. So
haben Sie bei Beanstandungen auch einen Ansprechpartner
und bekommen eine Kleiderpflege, welche die Kleidungsstücke erhält statt ruiniert.

Ist die Krawatte auf dem Rückzug? Mit zunehmender „Casualisierung", also zunehmend lässig werdender Kleidung in Freizeit und vielen beruflichen Branchen (oder auch bei Einladungen, in denen um „business casual"-Kleidung gebeten wird) fällt nach der Tuchhose (Stoffhose), die zugunsten der Jeans zum Sakko gewichen ist, bald auch diese Bastion der Formalität. Wir kommen aber weltweit an den Punkt, wo zahlende Kunden immer mehr in Freizeitkleidung – und das Service-Personal in sogenannter *Businesskleidung* mit Weste, Tuch und Krawatte anzutreffen ist – wie zum Beispiel in Gastronomie, Hotellerie und Touristik.

Damit wird die Krawatte entgegen ihrer früheren Intention immer mehr zum Symbol für Dienstleistung, sogar bei einem einschlägigen Lebensmittelhändler, der die nach Bäcker oder Fleischer anmutenden Kittel seines Personals skurril mit Krawatten bei den Herren und Nikitüchern bei den Damen kombinieren lässt.

Der Vergleich mag vielleicht überraschen, aber neu ist es nicht, dass sich ein Erkennungsmerkmal der arbeitenden Bevölkerung – in diesem Fall die bewegungsfreundliche Kleidung der Weltreisenden in Jeans und Jogginghosen – zum Nobelsignal mausert: Als in den *Roaring Twenties* Tennis und Bewegung an frischer Luft generell modern wurden, machte auch die Hautbräune, die bis dahin symptomatisch

für Arbeit auf dem Feld war, Karriere als Zeichen des Privi-
legs derer, die sich Freizeit leisten konnten.

Die Kultur der jetzigen Dekade ist bis jetzt noch weitgehend dem Binder verschrieben, wo auch immer Mann seriös und glaubwürdig auftreten will. Das kleinflächige Accessoire war bisher eines der wenigen farblichen und stilistischen Spielwiesen für den individuellen Ausdruck eines Mannes im Business. Fehlt es, kann und sollte ein Mann mehr Sinn für modische Anzugstoffe in neuen Strukturen, interessante Details und die Kunst der Kombination in der Herrenmode entwickeln, sonst wird sein Look langweilig. Die Liebe zum Schlips kann aber keine Erklärung für die Einfallslosigkeit sein, mit der manche Firmen die Firmenfarbe in Krawattenform um den Hals ihrer Verkaufsteams winden – und das mit Firmenimage verwechseln. Corporate Image lässt sich gekonnter umsetzen, etwa als wiederkehrendes, unabnehmbares Detail an individuellen (und bitte gut sitzenden!) Anzügen und Kostümen, also als quasi „nicht-uniformierte" Uniform.

Um Qualität und Preis bei Fliegen, Krawatten und Tüchern einschätzen zu können, sollten Sie einen kurzen Gedanken an den Stoff verwenden: Die meist mehrfarbigen und irgendwie gemusterten „Hingucker" erhalten ihr Dessin entweder durch Druck, der nachträglich auf eine fertig gewebte Stofffläche aufgetragen wird, oder durch ein gewebtes, nach den dafür nötigen Maschinen benanntes Jacquard-Muster. In der Regel sind Drucke in der Herstellung billiger. Als

Materialien kommen hier meist gängige Polyestergewebe, Viscose oder die teurere Seide infrage. Krawatten werden im 45-Grad Winkel zur Kette – der im Webstuhl längs verlaufenden Garnbespannung – zugeschnitten, was den Stoffverbrauch automatisch höher macht, als wenn man rechteckige oder quadratische Schals und Tücher zuschneidet, wo es kaum „Verschnitt" gibt.

Außerdem ist gerade bei Damentüchern und Herren-Einstecktüchern die Saumverarbeitung interessant: Was so perfekt und gleichmäßig aussieht, sind Maschinensäume, an die sich unser Auge zwar gewöhnt hat – viel charmanter dagegen (und auch hochwertiger) sind handgerollte und von Hand umgenähte Säume, die ein ungleichmäßigeres Warenbild ergeben und sich von der Sterilität rein maschinell gefertigter Industrieware abheben. Auffällig ist, dass gerade diese schlichten, kleinen Accessoires – oft aus Polyester, maschinengesäumt und aus günstigem Stoff – in der Relation zum Produktwert erstaunliche Preise erzielen, weil sie insgesamt keine hohe Ausgabe darstellen, die Mann scheuen würde. Wer es ganz individuell liebt, wird seine Einstecktücher beim Maßschneider gleich mitsäumen lassen – zum Beispiel aus einem edlen, harmonierenden Futterstoff – oder sich in einen Stoffladen begeben, um Stoffe für schicke Unikate vom Lieblings-Änderungsschneider säumen zu lassen. Das kostet so viel oder so wenig wie Serienware, ist aber unendlich stilvoller.

Zurück zur Krawatte. Ist sie nun tot? Wie jede Bewegung hat auch die zunehmende Lässigkeit eine Gegenbewegung. Gerade junge, männliche Verbraucher wenden sich wieder vermehrt dem gehobenen Kleiderstil zu und kultivieren den Gentleman-Status, der auch die manchmal kauzig wirkende Fliege wiederbelebt. Dabei verlangt der gestiegene Anspruch mehr Details der Ausführung wie zum Beispiel eine höhere Individualität und auch verschiedene Längenmaße – damit auch ein hochgewachsener Gentleman noch einen vollen Knoten binden kann. Und auch manche Frau hat die Krawatte bereits als augenzwinkerndes Accessoire für ihren Businesslook entdeckt. So wird die Krawatte weiterhin leben.

Erwartungshaltung an textile Accessoires

1. modische Farben, Stoffe und Dessins
2. schöner Oberflächenglanz und angenehmer Griff
3. leicht zu binden/falten/knoten
4. eine hochwertige Warenoptik
5. mitgelieferte Falt- und Bindetechniken

Über Qualität bei Krawatten und Tüchern habe ich gleich mit zwei Herstellern das Gespräch gesucht: ANA & ANDA als Künstlerinnen-Paar produziert Unikate und Kleinserien aus fair gehandelter Bio-Seide im eigenen *atelier für nachhaltige eleganz*. Da diese Accessoires aber auch in Dienstleistungsbranchen gefragt sind und bei hohen Stückzahlen einen echten Kostenfaktor darstellen, habe ich auch Tosca Siekmann um Antworten gebeten, deren Firma *Alta Seta*

Groß- und Kleinserien für Corporate Wear je nach Kundenwunsch und Budget in Italien und Asien fertigen lässt.

ANA & ANDA, welche Verarbeitungskriterien gelten für die Herstellung von textilen Accessoires, woran erkenne ich also eine saubere Verarbeitung?
A.&A.: Für Krawatten, Fliegen und Einstecktücher gilt aus unserer Sicht: Seide ist die allererste Wahl! Kunstfasern wie Polyester, Acetat und Ähnliches weisen schon per se auf mindere Qualität hin.

Die Qualität der verarbeiteten Seide ist beim Kauf von Seidenaccessoires relativ schwer zu erkennen. Konventionelle Seide ist stark mit Chemikalien belastet, was sich aber erst mit der Zeit zeigt, wenn die Seide brüchig und stumpf wird. Finger weg von Accessoires, die mit Attributen wie „knitterfrei", „bügelleicht" oder „fleckabweisend" angepriesen werden: Solche Eigenschaften lassen sich nur durch eine Behandlung mit Chemikalien erreichen, die der Seide schaden, aber auch für unsere Haut nicht immer gut sind.

Accessoires aus Seide sollten sich immer weich und geschmeidig anfühlen. Sie sollten entweder uni sein oder eingewebte Muster haben, da aufgedruckte Muster wieder nur nach chemischer Behandlung des Stoffs aufgebracht werden können. Aber auch bei unifarbenen Accessoires sollten ungiftige, gesundheitlich unbedenkliche und hochwertige Farben verwendet werden. Leider kann dies beim

Kauf kaum festgestellt werden – außer, die Hersteller/innen informieren über die verwendeten Farben.

Was sind spezielle Verarbeitungskriterien bei individuellen Krawatten?

A.&A.: Eine gute Krawatte muss handgenäht sein. Sichtbar wird dies an der Naht auf der Rückseite. Beim leichten Anheben der Naht sind die handgenähten Stiche zu sehen. Sie sitzen locker und lassen der Naht Spiel, damit der Faden beim Knoten der Krawatte nicht reißt. Manchmal schaut auch das Fadenende auf der Rückseite der Krawattenspitze etwas heraus: Ein eindeutiges Qualitätsmerkmal, da bei handgenähten Krawatten der Faden nicht verknotet wird. Natürlich sollte die Krawatte symmetrische Spitzen aufweisen und sie darf nicht vorgebunden sein. Krawatten sind innen mit einem Futterstoff verstärkt, der aber nicht deklariert werden muss. Es kann deshalb als besonderes Qualitätsmerkmal bezeichnet werden, wenn das Material dieser „Einlage" von der herstellenden Firma genannt wird. Eine Naturfaser wie Baumwolle oder Schurwolle ist hier den Kunstfasern auch wieder vorzuziehen.

Die Krawatte sollte senkrecht hängen und sich dabei nicht verdrehen. Sie sollte sich weich anfühlen und nicht wie ein Brett. Und wer besonders klein oder groß ist, sollte extra kurze bzw. lange Krawatten kaufen, denn die Qualität einer guten Krawatte kommt nur zur Geltung, wenn sie auch richtig sitzt und schön geknotet ist.

Gibt es spezielle Verarbeitungskriterien von Fliegen?

A.&A.: Auch bei Fliegen ist Seide erste Wahl. Wer auf Qualität Wert legt, greift auf keinen Fall zu den festgenäht vorgebundenen Fliegen: In der Branche werden sie gern etwas despektierlich „Zementpropeller" genannt. Als qualitativ hochwertig gelten deshalb die einteiligen Fliegen, auch „Einteiler" genannt, die für jedes Tragen neu um den Hals gebunden werden. Es gibt aber auch zweiteilige Fliegen zum Selberbinden. Sie müssen nur ab und zu neu gebunden werden, was auch nicht direkt am Hals geschehen muss, und sie können in der Größe verstellt werden. Einteiler hingegen werden passend zur Hemdkragenweite hergestellt. Die Qualität einer guten Fliege zeigt sich vor allem darin, dass sie viel weicher und geschmeidiger ist als die üblichen festgenähten Fliegen. Auch beim Tragen darf sie durchaus „Nachgiebigkeit" zeigen und sich damit vom „Zementpropeller" abheben.

Hochwertige Einteiler kommen ohne Haken und Ösen aus und sind in der Größe nicht verstellbar. Zweiteilige Fliegen haben ein Verstellsystem, das bei hochwertigen Exemplaren aus Metall und nicht aus Plastik sein sollte. Im Idealfall sind Haken und Ösen nickelfrei. Naturgemäß besteht das Band bei guten zweiteiligen Fliegen ebenfalls aus Seide und ist nicht als Einzelteil angenäht. Deshalb sollte auch das Verschlusssystem keinen Anker mit gelochtem Band aufweisen – die Seide würde dadurch schnell kaputt gehen. Haken und sogenannte „Schieber" hingegen werden in das Band eingefädelt und fügen der Seide so keinen Schaden zu.

Gibt es auch spezielle Verarbeitungskriterien von Seidentüchern und Einstecktüchern?

A.&A.: Qualitativ hochwertige Seidentücher und Einstecktücher sind handrolliert und nicht an der Maschine gesäumt. Während ein Einstecktuch aus Seidensatin hergestellt werden sollte, können sonstige Seidentücher auch aus leichteren Seidenarten wie Habotai oder Ponge gefertigt sein. Neben den unifarbenen oder mit eingewebten Mustern versehenen Tüchern gibt es auch mit dem Pinsel bemalte Kunstwerke. Auch hier ist es wichtig, dass licht- und waschechte, aber auch ungiftige Farben verwendet werden.

Die Waschbarkeit ist ein gutes Merkmal, an dem sich Qualität bei Tüchern feststellen lässt. Hochwertige Seide lässt sich durchaus gut waschen, allerdings immer nur mit speziellen Seidenwaschmitteln, da sie von normalen Waschmitteltensiden Schaden nimmt. Wenn die Farbe nicht mit viel Chemie in den Stoff gebracht wurde, kann sie beim Waschen leicht abfärben, wäscht sich aber keinesfalls aus. Steht auf dem Etikett, dass das Tuch nicht gewaschen und nur chemisch gereinigt werden darf, stimmt mit der Qualität definitiv etwas nicht.

Welche Rolle spielt der Stoff für den Preis?

A.&A.: Seide wird auf dem Weltmarkt nach Gewicht bezahlt. Deshalb wird konventionell gewonnene Seide mit giftigen Chemikalien „erschwert", also schwerer gemacht, um für die gleiche Menge mehr Geld zu bekommen. Die Qualität der Seide leidet darunter erheblich. Auf dem

Markt existieren Seidenstoffe, die mehr Gewichtsanteile an Chemikalien als an Seidenfasern aufweisen!

Bio-Seide hingegen kommt unbehandelt auf den Markt. Schon der Anbau der Maulbeerbäume, die das Futter für die Seidenspinnerraupen liefern, muss nach ökologischen Kriterien erfolgen. Die Herstellung von Bio-Seide ist viel aufwändiger und weniger ertragreich als diejenige von konventioneller Seide. Dazu kommt, dass Bio-Seide viel schwieriger zu verarbeiten ist. Da sie unbehandelt bleibt, ist sie viel weicher und weniger gut in Form zu bringen und zu nähen. Das alles hat seinen Einfluss auf den Preis von Seidenaccessoires.

Grundsätzlich sind aber Seidenaccessoires, vor allem Krawatten, immer aufwendig in der Herstellung. Wird die Arbeit von Näherinnen und Schneiderinnen gut bezahlt, kann eine Krawatte auch nicht für 4,99 Euro über den Ladentisch gehen.

Frau Siekmann, welche Rolle spielt der Stoff für den Preis?
T. S.: Gerade in der Serienherstellung ist ein Accessoire aus Seide oder Viscose immer teurer als ein gleiches aus Polyester oder Acryl. Mischgewebe liegen preislich dazwischen, wobei eine Mischung aus Seide und Cashmere wieder viel teurer wird. Alle Arbeitsgänge sind bei der Erstellung einer Krawatte identisch, hier sind lediglich die Garne entscheidend, die den Endpreis beeinflussen.

Und die Entscheidung „Seide oder Poly" im Corporate Einsatz? Was bedeutet der Stoff für den Träger?

T. S.: Das liegt klar auf der Hand. Bei Berufsbekleidung, die täglich strapaziert wird, empfehle ich die robustere Polyester-Ausführung. Bei einem Messeauftritt oder für den Außendienst oder als Werbeträger bei einer Produktneueinführung empfehle ich Seidenstoffe. Seide hat Ausstrahlung, natürlichen Glanz und eine wunderbare Haptik.

Welche Stückzahlen sind mindestens nötig, damit die produzierenden Betriebe in den Ländern rentabel arbeiten?

T. S.: Unsere Mindestauflagen bei gewebten Krawatten mit eigenem Dessin liegt bei 100 Krawatten. Diese Menge kann mit einem kleinen preislichen Aufschlag sogar in zwei verschiedene Farben geteilt werden.

Vorgebunden oder nicht, zum Beispiel bei Fliegen? Was raten Sie dem Firmenkunden?

T. S.: Eine Schleife (Fliege) sollte für Corporate Fashion auf alle Fälle vorgebunden sein, denn dieses Accessoires selbst zu binden erfordert sehr viel Übung und sieht nicht gut aus, wenn sie nicht korrekt sitzt. Natürlich hat eine selbst gebundene Schleife absolut mehr Stil. Der Träger beschäftigt sich im Moment des Bindens der Schleife mit dem bevorstehenden besonderen Ereignis und bindet positive Gedanken mit ein.

Fertig gebundene Schleifen gibt es in stumpfer und spitzer Form. Es gibt keine Vorgabe, wann Mann welche Schleife tragen sollte – ob feierlicher, privater oder öffentlicher Anlass: Beide Formen sind gleichermaßen beliebt. Bei der stumpfen Form sind alle vier Flügel der Schleife stumpf, also ohne Spitze, bei der spitzen ist einer der zwei vorderen Flügel stumpf, der andere spitz. Der Flügel darunter ist konträr zu dem darüber liegenden genäht, es liegt also *spitz auf stumpf* und *stumpf auf spitz* auf.

Krawatten sollten in jedem Fall selbst gebunden werden. Lediglich die Berufssparten Security (Sicherheitsdienstleister), Bus- und Taxifahrer, Zugbegleiter, Polizisten und Beamte im Strafvollzug müssen aus Sicherheitsgründen eine vorgefertigte, gebundene Krawatte tragen, deren Verschluss sich löst, wenn man angegriffen wird. Wir unterscheiden hier zwischen Krawatten mit Gummizug oder Clip-Krawatten. Beide Arten verhindern, dass der Träger gewürgt wird.

Beim Binden sollten die Herren unbedingt darauf achten, dass sie in aufrechter Haltung in den Spiegel schauen und kontrollieren, ob die Krawattenspitze am Hosenbund endet. Die Krawatte darf weder darüber noch darunter enden.

ANA & ANDA, haben Sie noch persönliche Tipps zu Stoffen und Reinigung?
A.&A.: Ein wichtiger persönlicher Tipp betrifft die Pflege von Seidenstoffen, zum Beispiel bei Tüchern. Viele Men-

schen wissen nicht, dass Seide einer besonderen Pflege
bedarf. Für das Waschen sollte immer ein Seidenwaschmit-
tel benutzt werden. Bitte weder normale Waschmittel noch
Haarshampoo oder Seifen verwenden! Da Seide eine Eiweiß-
faser ist, nimmt sie von diesen Mitteln dauerhaft Schaden
und wird brüchig und stumpf.

Außerdem sollte Seide nur kalt bis lauwarm und nur mit
gleichen Farben gewaschen werden. Sie darf nicht lange
im Waschwasser liegen und muss danach ohne Auswrin-
gen tropfnass aufgehängt werden. Aber bitte nicht an der
Sonne, sondern im Schatten oder drinnen. Gebügelt werden
kann sie im noch feuchten Zustand auf Stufe 2 bis 3, und
aufbewahrt werden Seidenaccessoires am besten hängend im
Schrank oder leicht gefaltet in einer Schublade.

Krawatten und Fliegen sollten allerdings besser nicht gewaschen werden – sie sind danach nur schwer wieder in Form
zu kriegen. Seide braucht grundsätzlich nicht oft gewaschen
zu werden, da sie als Naturfaser selbstreinigende Eigenschaften besitzt.

**An Sie beide: Welche Punkte der Nachhaltigkeitsdis-
kussion sind bei textilen Accessoires wichtig?**
A.&A.: Die Diskussion bewegt sich hier vor allem um anfal-
lende Reste und die Haltbarkeit der Produkte. Durch die
richtige Pflege und sorgfältige Aufbewahrung können Ver-
braucher/innen auch selbst viel zur längeren Haltbarkeit
ihrer Seidenaccessoires beitragen.

60 Anders beim Thema Reste: Krawattenschnittmuster werden diagonal auf den Stoff aufgelegt, damit die Krawatte später gerade herunterhängt und sich nicht verdreht. Dadurch entstehen Stoffreste. Allerdings können die Schnittmuster so optimiert werden, dass es keine großen Mengen an Resten gibt.

Um solche Reste möglichst zu vermeiden, ist es bei der Tücher-Herstellung sinnvoll, die Tücher-Größen an die Stoffbahnbreite anzupassen, so dass möglichst gar keine Reste entstehen. In der Textilindustrie entstehen die meisten Abfälle durch Überproduktion und mangelnde Umweltschutzstandards in den Herstellerländern. Individuelle Fertigung ist hier viel ökologischer und produziert so gut wie keine Reste. Auch der Wasser- und Energiesowie der Farbverbrauch sind bei individueller Herstellung viel kleiner. Farbreste können aufbewahrt und für spätere Aufträge verwendet werden. Die Textilindustrie hingegen verschmutzt oft ganze Bäche und Flüsse und produziert in Ländern, in denen kaum Umweltschutzstandards eingehalten werden müssen.

Die Nachhaltigkeitsdiskussion berührt deshalb auch immer das Thema Menschenrechte und faire Arbeitsbedingungen. Menschen, die für uns Kleidung herstellen, sollten keinen Gesundheitsrisiken ausgesetzt und gut bezahlt werden. Qualitative Hochwertigkeit sollte deshalb für uns immer damit verknüpft sein, dass es allen an der Produktion beteiligten Menschen bei der Arbeit gut ging.

T.S.: Tatsächlich versuchen wir aus Reststoffen weitere Produkte zu fertigen. Ein Passantino, die Schlaufe auf der Rückseite der Krawatte, erfordert keine zusätzlichen Stoffe, genau wie unser TieBond: Geschnitten aus einem Reststoff der Krawatte, der sonst keine Verwendung mehr finden würde, wird er hinter das Etikett der Krawatte gefädelt und dann an zwei Hemdknöpfen befestigt. Die Krawatte fällt weder nach vorn, noch über die Schulter und auch nicht nach links und rechts. Sie ist damit ohne sichtbaren Krawattenhalter am Hemd fixiert. Ein Passantino ist wie der TieBond aus Reststoff der Krawatte geschnitten und kann zusätzlich oder ausschließlich als Halter des Krawattenendes dienen.

6 Unterwäsche für Männer und Frauen

Doppelripp war gestern. Im Zuge der Präsenz von Nacktheit, sobald wir uns in der Öffentlichkeit umschauen – vor 50 Jahren noch undenkbar –, hat auch die Unterwäsche Karriere gemacht. Heute folgt die Funktion der Form – nicht mehr umgekehrt. Man kauft sich also ein Teil, weil es chic aussieht, und überlegt sich erst hinterher, wozu man es tragen will.

Spätestens seitdem Jugendliche den Hosenbund unterhalb der Hüftknochen tragen, spielt es durchaus eine Rolle, was darunter zu sehen ist: Der Markenname wird zum Statement, das den Träger Teil der Heldensage werden lässt, welche die Werbung erzählt. Im Irgendwo zwischen Miederhöschen, Reizwäsche und der totalen BH-Verweigerung der Blumenkinder von Woodstock ist also auch die Wäsche zur Imagefrage geworden. Allerdings vergessen manche darüber das eigene Image, das leidet, wenn das Darunter zur Oberbekleidung nicht passt. Denn viele haben die Kunst der richtigen Auswahl verlernt.

Gut gewählte Wäsche entspricht dem Helligkeitsgrad der Kleidung darüber, hat eine exzellente Passform, ist bei Bedarf leicht formgebend, aber niemals abzeichnend, wahrt ein gutes Körperklima und sorgt durch eine subtile, nur ihrem Träger bekannte Erotik für Selbstbewusstsein und eine gute Körperhaltung. Nicht mehr und nicht weniger. Wenn also beispielsweise ein Mann stark schwitzt, trägt er im Interesse seines Körperklimas Wäsche aus einem Material mit hohem Feuchtigkeitsaufnahmevermögen – meist Baumwolle. Trend-Label hin oder her. Wenn eine Frau eine schmale Jeans trägt, achtet sie auf einen nahtlos verarbeiteten Slip oder String, damit auch garantiert nichts einschneidet und die Körperkontur stören kann. Dessous-Label hin oder her.

Wer Lingerie, wie es in Frankreich und der Schweiz so schön heißt, wirklich smart einkauft, stellt die Frage nach dem gewünschten Effekt immer noch vor die Optik. Denn attraktiv aussehende Unterwäsche sorgt noch lange nicht für eine attraktive Erscheinung – das gilt für Wäsche mehr als für irgendeine andere Bekleidungsart. Der obligate hautfarbene und unterfütterte BH mag solo nicht gerade

sexy aussehen, unter einer hauchdünnen hellen Seidenbluse
aber ist er der einzige, der seiner Trägerin Würde verleiht
– wogegen der mit Spitzen und Blümchen versetzte Bruder
eher nach Betriebsunfall aussieht.

Eine gepflegte Frau braucht beides: Die strategisch richtige
und die schöne Wäsche. Und auch bei Männern haben wir
nichts dagegen, wenn sie sitzt und die Vorzüge betont, zum
Beispiel einen trainierten Po. Da wir schon bei hauchfei-
nen Materialien oder auch der beliebten Stretch-Ware sind,
stellt sich für Damen allen voran diese Frage: Wie sollte ein
Büstenhalter sitzen?

Denn die Eleganz einer Frau steht und fällt mit dem Sitz
und der Passform ihrer Unterwäsche. Viele wählen nämlich
das Körbchen zu klein und die Unterbrustweite zu groß.
Diese sollte beim Anlegen des Maßbands eng gemessen
werden, weil das Material bei längerem Tragen noch nachgibt und die Unterbrustweite auch dann noch parallel und
auf der Höhe „Mitte Oberarm" sitzen sollte. Beim Kauf
sollten Sie bei einem verstellbaren Verschluss daher die
mittlere Einstellung nehmen, damit Sie bei Nachgeben des
Materials enger – und zum Beispiel bei hohen Außentem-
peraturen, wenn die Haut empfindlicher ist, etwas weiter
stellen können.

Das Körbchen sollte dagegen genug Raum bieten, damit
das empfindliche Brustgewebe nicht gedrückt wird und
auch vorne garantiert nicht einschneidet. Es verdirbt die

Linie des Dekolletés. Achten Sie außerdem auf die richtige Form des Büstenhalters. Spitz oder runder? Weit auseinander oder engstehend? Gepolstert oder Hebe-BH? Das alles ist letztlich eine Frage des Wohlbefindens, der eigenen Anatomie, des persönlichen Geschmacks, des Budgets und der Beratung. Gerade große Frauen (und davon gibt es immer mehr) haben entsprechend dem weiteren Brustkorb meist weiter auseinander sitzende Brüste und können eng geschnittene Modelle nicht tragen. Und hier kommt die Marke dann doch wieder ins Spiel: Ein Hersteller der passformgetreu arbeitet und die Maße nicht verändert, hat zumindest unter den Stilanhängern seine treue Kundschaft.

Ein Tipp für die Reise, wo ja meistens Gepäck gespart wird: Definieren sie Ihre ganz persönliche „Survival"-Grundausstattung, die unter Ihre *gesamte* Garderobe passt. So kommen Sie nie in Verlegenheit, auch nicht durch spontanes Urlaubs-Shopping. Im Fall von BHs können das etwa jeweils in schwarz und haut gutsitzende, unverzierte Modelle mit abnehmbaren Trägern sein, sofern die Brust nicht zu schwer ist, die jeden Ausschnitt erlauben und wo auch bei plötzlichem Temperaturwechsel – beispielsweise beim Betreten eines unterkühlten Supermarktes in Südeuropäischen Ländern – garantiert nichts durchschimmert. Auch wenn Sie bei einer bestimmten Reise meinen, den schwarzen nicht zu brauchen: Nehmen Sie ihn mit!

Wer Stil besitzt, plant für den Einkauf von Wäsche genügend Zeit ein und probiert sie nicht nur einfach so auf dem

Körper an, sondern zieht auch das eine oder andere heikle Kleidungsstück aus dem eigenen Kleiderschrank darüber, um die Wirkung und die Silhouette auch von hinten gründlich zu prüfen. Das können zum Beispiel die erwähnte helle Seidenbluse, die knackige Jeans oder ein eng sitzendes Kleid sein, die keine Slipkante darunter dulden.

Als Anlaufstelle gibt es neben ausgesuchten Wäschegeschäften immer wieder Kaufhausabteilungen, die eine riesige Auswahl und eine rare, oft aber sehr gute Beratung bieten. Dort findet man mit etwas Glück die bald aussterbende „Perle" in der Wäscheberatung, die ihren Job liebt – und nicht nur einer Marke verschrieben ist, sondern von jung bis reif schon alle Körperkonturen mit Wäsche der verschiedensten und jeweils passenden Marken eingekleidet hat.

Das Preisgefüge in dieser Warengruppe erklärt sich schon allein durch den Entwicklungsaufwand der Teile, denn der Stoffverbrauch ist ja hier nicht gerade groß. Gut sitzende BH-Modelle zu entwickeln, ist buchstäblich Spitzenarbeit und mit einem hohen Aufwand verbunden. Außerdem ist ihre Herstellung mit vielen Kleinteilen anspruchsvoll und durch die vielen Arbeitsschritte fehleranfällig – anders als bei einem quasi nahtlosen Etwas mit lediglich zwei Nähten. Und gerade, wo Stoff direkt auf der Haut liegt, geht die Frage nach dem Ursprung der textilen Fasern, ihrer Hautverträglichkeit und ihrer Qualität buchstäblich an die Wäsche.

Qualität bei Naturfasern hat auch mit ihrer sogenannten Stapellänge zu tun, denn je länger die einzelne, oft hauchfeine Faser, desto besser wird sie beim Verzwirnen (Verdrehen) mit anderen verbunden – und desto stabiler ist auch das Garn. Und auch glatter, denn es stehen keine Kurzfasern ab, welche die angenehme Glätte hautsamtig-seidiger Gewebe stören könnte. Kurz: Von Unterwäsche erwarten wir also eine ganze Menge.

Erwartungshaltung an Unterwäsche

- die für uns individuell perfekte Passform
- hautsympathische Fasern aus unbedenklicher Herstellung
- leicht zu waschen
- Formstabilität auch bei vielen Waschzyklen
- sie darf sich niemals abzeichnen
- Wohlbefinden bzw. verbessertes Körpergefühl/ Körpersilhouette
- Trends und Sexiness

Das Gespräch über Unterwäsche führte ich mit Geschäftsführer Matthias Mey der *Mey GmbH,* deren Verbraucherinformation im Internet bereits auf der ersten Seite zu den Themen Nachhaltigkeit, Ausrüstung von Stoffen und Qualität informiert. Dort heißt es: „Nichts kommt uns so nah wie unsere Wäsche. Deshalb verwenden wir nur ausgewählte Rohstoffe und fertigen über 85 Prozent aller Stoffe an unserem Firmensitz in Deutschland selbst. Auch die Weiterverarbeitung findet hauptsächlich in eigenen Betrie-

ben in Europa statt. So behalten wir jeden Produktions-
schritt genau im Blick und sichern die gleichbleibend hohe
Mey Qualität."

Bei genauem Hinsehen ist der Nachhaltigkeitsgedanke
sogar Teil der Tradition im Unternehmen: Die Plastik-
kleiderbügel, auf denen Hängeware wie Unterhemden an
die Handelspartner geliefert wird, können per Abholauf-
trag durch den Handelspartner wieder entsorgt werden,
wandern in eine Behindertenwerkstatt, wo sie neu sortiert
und für den Verpackungsablauf vorbereitet werden, und
transportieren wieder neue Teile in die Welt und zum Kunden. Auf diese Weise sind einzelne Bügel viele Jahre im
Kreislauf unterwegs. „Der Schwäbische Bumerang", wie der
Bügelzyklus seit Ende der 90er-Jahre auch heißt, ist damit
ein klassisches Beispiel dafür, wie simpel es sein kann, den
Nachhaltigkeitsgedanken konsequent zu Ende zu denken.

**Herr Mey, welche Verarbeitungskriterien gelten für
die Herstellung von Unterwäsche?**
M.M.: Besonders wichtig ist, dass die Nähte auch unter
hoher Dehnung stabil sind, dafür braucht es eine hohe
Stichdichte von 5,5 bis zu 7 Stichen pro Zentimeter Naht,
je nach Maschine. Die Materialien und Zutaten müssen
gewährleisten, dass die Wäsche in Form bleibt – auch
nach mehrfachem Gebrauch und Waschen. Außerdem ist
die Passform bedeutend: Sie ist das Ergebnis eines guten
Zusammenspiels von Schnitt, Material, Zutaten und Verar-
beitungsmethodik. Und *last but not least* müssen wir auch an

die Nachhaltigkeit zur Schonung von Mensch und Umwelt denken: Schadstofffreie Materialien und Zutaten berühren langfristig unsere ökologischen, ökonomischen und sozialen Belange. Das kann heute niemandem mehr egal sein.

Sichtbarer Markenname oder nicht? Wie wichtig ist das für Ihre Kollektionsplanung und das Design?
M.M.: Ein gutes Produkt darf seine Herkunft zeigen, warum auch nicht? Wir interpretieren den Begriff *Marke* immer noch und immer wieder als Qualitätsversprechen. Der Kunde soll sich sicher sein, was er für sein Geld bekommt, und Vertrauen entwickeln. Als deutsches Markenunternehmen unter den Top 3 ist uns das offenbar gelungen, und darauf sind wir stolz.

Was sind besondere Herausforderungen in der Herstellung?
M.M.: Im Segment Dessous gibt es so viele kleinste Schnittteile – ein BH besteht z.B. aus bis zu 40 Einzelteilen, die nach einer genau festgelegten Reihenfolge zusammengeführt werden –, das erfordert sehr viel Know-how und Fingerspitzengefühl im Produktionsprozess. Außerdem verlangen die einzelnen Arbeitsschritte eine große Genauigkeit und Präzision, was Ansprüche an die Personalarbeit stellt. Gute Näherinnen zu finden, ist mindestens genauso schwierig wie gute Designer!

Bei den eingesetzten Rohstoffen setzen wir auf besonders langstapelige, handgepflückte Peru-Pima-Baumwolle. Denn

nur die vollreifen Fasern, die wie dicke Wattebüschel aus den
Kapseln hervorquellen, lassen sich zu bester Qualität verarbeiten. Ein weiterer Vorteil handgepflückter Baumwolle
besteht darin, dass der Baumwollstrauch nicht wie bei der
maschinellen Ernte mit chemischen Entlaubungsmitteln
behandelt werden muss. Die Weiterverarbeitung des Garns
erfolgt dann in unserer eigenen Strickerei. Die gestrickten
Stoffe schrumpfen wir vor – durch „Kalandern", ein Verfahren ähnlich wie in einem Wäschetrockner –, so dass aus 100
Metern Stoff am Ende nur noch 90 Meter tatsächlich weiter-
verarbeitet und zugeschnitten werden. Das bedeutet für den
Kunden, dass seine Baumwollwäsche so gut wie nicht mehr
einläuft. Ganz anders als bei vielen billigen Produkten. Was
viele nicht wissen: Durch unsere Verarbeitungsmethoden ist
unsere Wäsche nie wieder so sauber wie nach dem ersten
Auspacken. Ein Waschen vor dem Tragen ist bei unserer
Wäsche daher gar nicht nötig.

**Welche Rolle spielt die Frage der Nachhaltigkeit in
Ihrer Arbeit?**
M.M.: Eine entscheidende Rolle: Wir produzieren Qualität
– vom nachhaltig produzierten Stoff und Produkt über alle
Veredelungsstufen. Dazu gehört eine ressourcenschonende
und umweltfreundliche Produktion genauso wie Arbeits-
prozesse unter höchsten Sicherheitsaspekten, Verbraucherschutz durch Ausschluss problematischer Stoffe sowie
Gewässerschutz. Vereinfacht lässt sich sagen: Saubere Produktion erzielt ein sauberes Produkt. Deshalb sind wir auch
seit 2012 bluesign®-zertifiziert, nach einem der strengsten

Nachhaltigkeitsstandards überhaupt. Bei uns wird Nachhaltigkeit überprüfbar: Bei einer Wertschöpfungsquote von nahezu 70 Prozent in Deutschland ist nachhaltiges Arbeiten und Wirtschaften für uns schon seit Jahrzehnten fester Bestandteil der Firmenphilosophie.

Wie komme ich als Kunde an die beste Beratung im Laden?

M.M.: Da ist meiner Meinung nach immer noch das Fachgeschäft die beste Adresse, gerade wenn jemand unsicher ist. Mit unserem Storefinder auf der Homepage findet der Kunde schnell ein Fachgeschäft oder einen Mey Store in der Nähe. Einzigartig bei uns ist die Funktion „Artikel live erleben" im Online-Shop. Der Kunde geht auf ein bestimmtes Produkt in seiner Größe und sieht mit einem Klick das Fachgeschäft, das exakt diesen Artikel auch tatsächlich vorrätig hat. Wer eine unkomplizierte Größe hat, gerne online kauft und den Aufwand mit Auswahlsendungen nicht scheut, fühlt sich auch mit dem Größenberater wohl, einem Tool, das die Größe anhand der selbst gemachten Zentimeterangaben ermittelt.

Ist Internetverkauf in bestimmten Wäschesegmenten nicht widersinnig?

M.M.: Nicht für den Nachkauf! Wenn eine Passform getreu gehalten wird und der Kunde die Marke und das Produkt kennt, ist die Vertrauensbasis da. Dann kauft er „sein" Produkt und probiert auch mal ein neues Modell in der gleichen Größe. Wir verändern zum Beispiel die Passform

Online-Produkte.

7 Hochwertige Stoffe

Qualität hat – scheinbar – etwas Untergründiges. So jedenfalls geht es Laien in der Beurteilung von Stoffen, über
deren Beschaffenheit die wenigsten heute noch etwas wissen. Dabei gibt es fühlbare subjektive und klar messbare
objektive Qualitätskriterien, die wir zugrunde legen können. Mit den subjektiven ist es ein bisschen wie mit der
Kunst: Wenn mir ein Kunstwerk gefällt, ist es für mich
Kunst. Eigenschaften wie Weichheit oder ein matter Glanz
liefern allerdings noch keine Aussage über die Haltbarkeit
des Materials oder die Umweltverträglichkeit der chemischen Stoffe, die diese Eigenschaften herstellen. Da wir das
alles auch nicht nachprüfen können, tappen wir als Endverbraucher gänzlich im Dunkeln.

Werfen wir einen Blick über den Tellerrand, wird klar,
dass die Langlebigkeit von textilen Geweben, und damit
ihr ökologischer Nutzwert, in der Schnelllebigkeit des
Modemarktes zwar keine Rolle spielt – sehr wohl aber (mal
wieder) in der der Einkleidung von Firmenmitarbeitern,
der sogenannten Corporate Fashion. Allein das wirtschaftliche Verständnis schreibt vor, dass diese Kleidung lange
zu halten und lange gut auszusehen hat – im Interesse des
Budgets und auch im Interesse des Firmenimage, denn nur
hochwertige Mitarbeiterkleidung vermittelt den Eindruck

erstklassiger Leistungen und Produkte. Jeder andere Auftritt kostet Glaubwürdigkeit und damit Kunden.

Aus dieser Betrachtung heraus ist es vollkommen unverständlich, dass manche Unternehmen ihre Mitarbeiter in das Billigste kleiden, denn „minderklassig" ist auch das Bild, das wir als Empfänger der Botschaft im Gedächtnis behalten. Unter anderem deshalb sollten Unternehmen neben einem CEO (Chief Executive Officer), CFO (Chief Financial Officer), CMO (Corporate Marketing Officer) und weiteren *Chiefs* auch noch einen CIMO bekommen, einen Corporate Image Officer. Dieser müsste unter der „Corporate Identity" (CI) nicht nur die einheitliche Platzierung des Logos auf Schildern und Briefpapier verstehen, sondern das ganzheitliche Konzept dahinter. Dazu zählt definitiv die Außenwirkung der Mitarbeiter – also deren Ausstrahlung, Auftreten und Benehmen.

Subjektive Qualitätsmaßstäbe orientieren sich an Kriterien wie Weichheit, Hautverträglichkeit und der vermuteten Hochwertigkeit von Stoffen, wobei ein softer Griff meist mit Qualität verwechselt wird. Das Labor sieht das anders. Objektiv misst sich die Qualität von Stoffen nämlich durch nachweisbare Werte, die für uns Kunden ohne die technischen Datenblätter der Auswertung nicht greifbar sind. Dafür können wir aber den Stoff erfühlen, dem Etikett Aufmerksamkeit schenken und es lernen zu lesen. Dabei helfen ein paar Grundkenntnisse über die Haupteigenschaften von Fasern, aus denen Stoffe entstehen.

Komposition: Sie beschreibt das Verhältnis der verwendeten Materialien und muss laut Gesetz auf dem Textilkenn-
zeichnungs-Etikett angegeben sein. Die Grundfasern sagen
uns, welche Trageeigenschaften ein Kleidungsstück hat und
wie es gepflegt werden will.

Exkurs: „Textile Fasern"

Es gibt vier Gruppen von textilen Fasern mit unterschiedlichen Eigenschaften hinsichtlich Körperklima bezie-
hungsweise Feuchtigkeitsaufnahmevermögen, Nass- und
Trockenzugdehnung, Scheuerresistenz und Pillingverhal-
ten. Was hochtechnisch klingt, beeinflusst unser Wohlbefinden und die Optik unserer Kleidung maßgeblich.

Fasern mit hoher Feuchtigkeitsaufnahme zum Beispiel
saugen auch Schweiß gut auf und lassen ihn nach außen
verdunsten, behindern also diese wichtige Hautfunktion
nicht.

Das Dehnverhalten des Materials ist interessant für uns,
wenn wir Wäsche trocknen: Feine Wollwaren wollen lie-
gend trocknen, weil sie sich sonst verziehen.

Eine geringe Scheuerresistenz führt dazu, dass der Stoff
schnell aufscheuert und an Sitz- und Auflageflächen wie
den Ellenbogen schnell anfängt zu glänzen.

- **Tierische Naturfasern** wie Wolle oder Seide (meist Anzüge/Kostüme, Strickwaren oder seidene Kleider, Blusen und Shirts). Sie bieten ein angenehmes Körperklima, zum Beispiel im Sommer – vorausgesetzt eine Jacke hat kein Polyester-Futter –, und Wolle verfügt über eine sehr gute Knittererholung bei Luftfeuchtigkeit. Aufhängen im leicht bedampften Bad funktioniert bei Wollstoffen wunderbar. Dafür können sie bei Reibung plus Feuchtigkeit verfilzen. Seide verfügt über einen mehr oder weniger sanften Glanz und hat eine edle Ausstrahlung, neigt aber auch zu elektrostatischer Aufladung in trockenen Räumen, was man bei öffentlichen Auftritten beachten sollte. Beide Fasern pflegen Sie in der Hand- oder kalten Maschinenwäsche. Seide wird am besten im feuchten Zustand gebügelt. Bei Jacken und Sakkos vertragen die verwendeten Schulterpolster und Einlagen keine Feuchtreinigung und können sich verziehen oder Blasen werfen. Diese Kleidungsstücke gehören in die Reinigung.

- **Pflanzliche Naturfasern** wie Baumwolle, Leinen oder Bambus (meist Businesshemden oder -blusen, Sommer-Ensembles, in Mischung mit Synthetiks auch Freizeithosen, Funktions- und Kinderbekleidung) knittern ohne chemische Behandlung immer. Ansonsten nehmen sie Feuchtigkeit (Schweiß) gut auf und bestechen durch ihre kühle Glätte. Wenn sie verbrennen, zerfallen pflanzliche und auch tierische Naturfasern zu einer leichten, meist hellen Asche. Reine pflanzliche Naturfasern, die nicht mit Synthetiks gemischt sind, vertragen hohe Temperaturen bei Wäsche und Bügeln, wobei Leinen besser gereinigt oder mit der Hand gewaschen werden sollte, weil das Material sonst leidet.

- **Zellulosische Chemiefasern** wie Viscose, Modal, Acetat (meist Futterstoffe und leichte Shirts im Damenbereich) haben eine angenehm-glatte Haptik und bringen die Feuchtigkeitsaufnahme (Quellvermögen) der Holzzellulose mit, daher sind sie nahe am Körper und im Sommer beliebte Begleiter. Bei Viscose wird Ihnen auffallen, dass sich diese nach dem Waschen schwer und fast brettartig anfühlt, nach dem Trocknen aber wieder geschmeidig wird. Mischungen wie Viscose/Polyester oder reine zellulosische Chemiefasern waschen Sie bei niedrigen Waschtemperaturen von 30 bis 40 Grad und bügeln auf niedriger Temperatur ohne Dampf.

- **Synthetische Chemiefasern** wie Polyester, Polyacryl, Polyamid, Elastan (sie kommen in allen Warengruppen vor) steuern bei Mischgeweben wie zum Beispiel Wolle/Polyester eine Strapazierfähigkeit und Formstabilität bei, die Wolle allein nicht haben kann. Eltern mit Kindern schätzen die Scheuerresistenz von Synthetikmischungen, weil sie robuster und leichter als Naturfasern zu pflegen sind. Die glatte Oberfläche einer synthetischen Faser ist vielen Allergikern angenehmer als die auf sanfte Weise flusige Naturfaser. Viele Menschen schwitzen in diesen Geweben aber deutlich stärker (Ausnahme: Sportkleidung, deren Spezialfasern extra dafür konzipiert wurden), und beim Verbrennen verschmilzt der Stoff zu einem schwarzklebrigen Film, der anschließend zu einer schwarzen Kruste abkühlt. (So etwas möchte niemand auf der Haut haben, wenn er in einen Brand gerät.)

Eine differenzierte Beschreibung der textilen Fasern und ihre Pflegeeigenschaften sowie weitere Tipps zu Kleiderpflege und der Organisation Ihres Kleiderschranks habe ich übrigens in „Der große Knigge" veröffentlicht.

Warengewicht: Wenn die Leichtigkeit des Stoffes mit dem Einsatz des Kleidungsstücks und seiner Fläche harmoniert, empfinden wir das Ergebnis als hochwertig. Ein Sommerkleid aus zu schwerem Stoff dagegen wirkt seltsam, eine knappe Bolero-Jacke aus zu dickem Stoff klobig und ein großflächiger Mantel aus zu leichtem oder lose gewebtem Stoff lappig und formlos. Da Sie die Zahl des Warengewichts nicht kennen, vertrauen Sie bitte Ihrem Urteilsvermögen. Manche Anbieter für Maßkleidung geben das Warengewicht der angebotenen Stoffe mit an, darum hier noch einmal die grobe Klassifizierung von Anzug- und Kostümstoffen, wobei diese in Webstuhlbreite meist bei 148 Zentimetern liegen:

- bis 280 Gramm pro Laufmeter Stoff: **Sommerstoffe**
- 280 bis 330 Gramm pro Laufmeter Stoff: **Ganzjahresware**
- ab 330 Gramm pro Laufmeter Stoff: **Winterware oder formelle Uniformware**

Knittererholung: Auch hierfür gibt es technische Werte. Am besten, Sie halten den Stoff einen Moment in der warmen Hand und beobachten, wie er anschließend zurückspringt und sich von selbst wieder glättet. Das geht bei Anzugärmeln genauso wie bei noch nicht verarbeiteten Stoffen. Wer viel reist, kann mit stark knitteranfälligen Geweben nichts anfangen, sie kosten die gepflegte Erscheinung und damit das Image.

Scheuerresistenz: Sie benennt die Anfälligkeit für Durchscheuern an Sitz- und Auflageflächen wie Ellenbogen oder der Auflagefläche der Handtasche in Hüfthöhe. Wenn Sie das Etikett gelesen haben, kennen Sie die Komposition: Grundsätzlich sind reine Wollstoffe, wenn sie noch dazu aus feinen – also dünnen – Garnen sind, anfälliger. Die „Super"-Angaben beschreiben die Feinheit des Garnes: Wiegen 100 Laufmeter des Garnes 1 Gramm, haben wir ein Super 100er Garn, bei 120 Laufmetern auf das gleiche Gewicht ein Super 120er Garn, welches entsprechend feiner und scheueranfälliger ist.

Pilling: Die ungeliebten kleinen Kügelchen, die sich bei Wolle und vielen synthetischen Fasern an Reibflächen bilden, lassen den Look ungepflegt aussehen. Pillende Ware gehört daher unter genaue Beobachtung bei jeder Reinigung oder Wäsche. Die Kügelchen zupfen Sie bitte nicht ab, sondern schneiden sie, weil jedes Zupfen neue Fasern abstehen lässt, die sich wieder zu Kügelchen pillen, also verdrehen könnten.

Man sieht Ihnen an, wie Sie mit ihrer Kleidung umgehen! *Best Dressed People* sind nicht Menschen, die den neuesten Mode-Hype mitmachen, sondern die wenigen Stilvorbilder, die ihre Persönlichkeit einzigartig und authentisch inszenieren – und deren Kleidung etwas Edles hat, was ursächlich mit den Tragegewohnheiten zu tun hat. Hier ein paar Tipps:

- Textile Fasern wollen sich erholen und zwischendurch nicht getragen werden. Lederschuhe übrigens genauso!

- Ihre Bewegungsgewohnheiten bestimmen den Verschleiß maßgeblich mit. Ein feiner Wollstoff ist keine Jeans! Aufgestützte Ellenbogen etc. nimmt ein feiner und dünner Stoff übel.

- So altbacken es klingt: Das Anheben der Hosenbeine vor dem Hinsetzen verlängert die Lebensdauer Ihrer Stoffhose, weil der Stoff an den Knien nicht überdehnt wird.

- Fett, Krümel und Haarstyling-Produkte haben auf Stoffen nichts zu suchen. „Erst frisieren – dann anziehen" und beim Lunch etwas Acht geben, bleibt gültig.

- Der unterste Knopf von Herrenwesten und kurzen Damenjacken wird im Sitzen geöffnet, damit nicht Gürtelschnallen von innen gegenscheuern und das Kleidungsstück nicht nach oben staucht. Aus diesem Grund werden auch Herrensakkos im Sitzen geöffnet.

- Stopfen Sie Taschen und Innentaschen bitte nicht voll. Es verschleißt den Stoff und verdirbt die Form.

- klassische, modische oder trendige Warenoptik –
  je nach Einsatzgebiet
- Verwendung unbedenklicher Farben, chemischer
  Ausstattung und Ausrüstung
- der Faser entsprechend optimale Trageeigenschaften
- der Faser entsprechend optimale Pflegeeigenschaften
- lange Haltbarkeit (z.B. bei Corporate Wear)
- immer mehr: Bequemlichkeit durch Elastizität

In den Medien taucht im Zusammenhang mit Textilien und
Kosmetika immer wieder der Begriff *Azofarbstoffe* auf: Er
kennzeichnet chemische Farbstoffe, die als krebserregend
eingestuft werden und daher in Deutschland für Gebrauchs-
gegenstände, textile Produkte, Schmuck, kosmetische
Waren und Tätowierungen verboten sind.

Das Gespräch über Textilflächen und -gewebe habe ich mit
Karlheinz Oblinger geführt, dessen Firma *Corporate Fabrics*
hochwertige Gewebe speziell für den Einsatz bei Firmen-
kleidung (Corporate Fashion/Corporate Wear) in Deutschland herstellt. Denn, wie auch im Kapitel über Maßkonfektion beschrieben, ist der Anspruch an die Trageeigenschaften
von Stoffen nirgends so hoch wie hier. Modische Businesskleidung aus solchen Stoffen zu fertigen, könnte so manchen „Nachhaltigkeitsknoten" lösen.

**Herr Oblinger, welche erkennbaren Merkmale kenn-
zeichnen einen „guten Stoff"?**

K.O.: Zunächst einmal ist ein angenehmer Touch (das Anfühlen) wichtig, die „Haptik'" und Hautverträglichkeit. Außerdem schöne Farben, welche auch nach der Pflege noch etwas mit der ursprünglichen Farbe zu tun haben, dann das tadellose Aussehen auch nach längerem Tragen bzw. das rasche „Sich erholen" sowie eine umwelt- und kostenschonende Pflege. Die Frage „Waschen oder Reinigen" ist für viele Menschen wichtig. All diese Punkte sieht man aber tatsächlich erst nach längerem Tragen – in einen Stoff kann man eben nicht hineinschauen.

Wie sieht eine Qualitätskontrolle in der Stoffproduktion aus?

K.O.: An erster Stelle sei erwähnt, dass die Qualität eines guten Oberstoffes immer von den verwendeten Rohstoffen abhängt. Nur wenn Gutes reinkommt, kann auch Gutes rauskommen! Wir beginnen deshalb bereits bei der Definition der Grundstoffe für die Garnherstellung mit der Qualitätskontrolle, das heißt, wir kaufen in der Regel keine Produkte unserer Vorlieferanten, die nicht auf unseren speziellen Bedarf hin getestet oder entwickelt wurden. Es spielt eine sehr große Rolle, ob wir Gewebe für Airlines oder für Wach- und Sicherheitspersonal herstellen. Der Endgebrauch bestimmt immer die Anforderung für jede Entwicklung! Diese technischen Vorgaben werden dann von uns im Labor auf Übereinstimmung mit den von uns gegebenen Parametern geprüft. Danach wird aus diesen Garnen die Fläche erzeugt (Rohware). Hier erfolgt bereits die nächste Kontrolle: zum einen wieder die auf Einhaltung

der gewünschten technischen Parameter und zum anderen,
und das ist ganz wichtig, auf eventuell auftretende Fehler
im Gewebe. Dieser Vorgang ist permanent und wird in
einem der Auftragsgröße angemessenen Rahmen ständig in
Intervallen wiederholt.

Was ist mit Farbstoffen und Farbechtheit?

Nach Erstellen des Rohgewebes wird die Ware in die Fär-
berei oder in die Endausrüstung zur finalen Ausstattung
des Gewebes gegeben. Der Unterscheid ist: Kleine Ferti-
gungschargen von 50 Metern bis ca. 3.000 Laufmetern pro
Auftrag werden „im Stück" im fertigen Rohgewebe gefärbt,
größere Partien bereits im Kammzug vor dem Weben.
Diese sogenannte Kammzugfärbung gewährleistet eine
einheitliche Farbe und gleichbleibenden Warenausfall vom
ersten bis zum letzten Meter. Zur Einschätzung der Menge:
Aus 3.000 Metern Stoff kann man etwa 1.500 Herrensakkos nähen. Je nach Herstellungsprozess und Artikel sind bis
zu zwanzig oder mehr Arbeitsschritte notwendig, um die
Gewebe „nadelfertig" auszurüsten. Eine ständige Kontrolle
nach jedem dieser Arbeitsschritte ist notwendig! Schluss-
endlich wird an der sogenannten Warenendkontrolle noch
einmal jeder Meter auf Übereinstimmung von Farbe, Gewe-
bebreite, Gewicht und auf Fehler kontrolliert.

Was ist die besondere Aufgabe bei Firmenkleidung?

K.O.: Es gilt zu gewährleisten, dass Gewebe, die für den
Bereich der Corporate Wear bestimmt sind, über eine lange
Zeit – wir sprechen hier von mehr als zehn Jahren – mit

einem gleich bleibend hohen Qualitätsniveau geliefert werden können. Denkt man hier an die sich ständig negativ verändernde Anzahl von möglichen Zulieferanten und die ständig steigenden Anforderungen hinsichtlich einer ökologischen Fertigung, erkennt man die Dimension dieser Aufgabe.

Was sind die besonderen Herausforderungen in der Stoffherstellung?

K.O.: Ein Gewebe zu erstellen, welches den technischen und wirtschaftlichen Anforderungen des Marktes entspricht (sei es im Hinblick auf Corporate Wear, Fashion oder technische Textilien, z.B. für Autositze), und dabei für Mensch und Umwelt unbedenklich ist. Es wird immer mehr zur Kunst, diese Vorgaben mit der ständig sinkenden Anzahl von möglichen Rohstoffproduzenten in Europa zu erreichen.

Welche Punkte im Gespräch zwischen textilverarbeitender Industrie/Auftraggeber und Stoffhersteller sind wichtig und wünschenswert, damit beide überleben können und der Kunde gleichzeitig größtmögliche Qualität bekommt?

K.O.: Diese Gespräche sollten von der Erkenntnis und Einsicht geprägt sein, dass eine Beschaffungsmaßnahme, bei welcher ausschließlich der Preis das Entscheidungskriterium für den Zuschlag ist, geradezu zwangsläufig darauf hinausläuft, dass an möglichst vielen Stellen „günstige" Rohstoffe und/oder Verarbeitung zum Tragen kommen. Und, was ich beim Thema *Qualität* schon angemerkt habe:

Nur wenn gute Rohstoffe, mit Bedacht ausgewählt und auf den Bedarf abgestimmt, verwendet werden, kommt auch das optimale Ergebnis zum Tragen. Denn eines ist gewiss: Nicht immer das günstigste Angebot ist auch das wirtschaftlichste Angebot.

Wenn diese Erkenntnis mehr Einzug in den Alltag der Firmeneinkäufer findet, haben auch Textilhersteller in Deutschland und Europa eine reale Chance zu überleben.

Welche Rolle spielt die Nachhaltigkeit in der Diskussion um die Qualität des Stoffes?
K.O.: Um Nachhaltigkeit zu 100 Prozent zu erreichen, dürfte man „überhaupt nichts mehr" produzieren! Insofern spielt das Thema selbstverständlich – gerade für die Corporate Wear – eine sehr große Rolle. Je besser, also je langlebiger Stoffe sind, umso nachhaltiger sind wir.

Wir haben es als Textilproduzent, der nicht an den Endverbraucher direkt verkauft, sehr schwer, diesem die Liefer- und Produktionskette transparent zu machen. Die Entscheidungsträger aus den Kreativabteilungen von sogenannten Anbietern für modische Corporate Fashion müssten bereits in ihren Entwürfen und Konzepten diesem Thema ein weitaus größeres Augenmerk schenken, als es bis heute der Fall ist. Die treibenden Fragen sind:

- Wo wird produziert? Es gibt flexible Partner, die individuell auf jeden Wunsch der Kunden eingehen können. Dies erspart Zeit und damit Kosten.

• Mit welchen Partnern arbeitet mein Anbieter zusammen – wieder ein entscheidender Faktor im Hinblick auf Zeit/ Kosten und Effizienz.

• Welche Mindestauflagen müssen selbst bei der Proto- typen Erstellung beachtet werden?

Leider wird das Thema Nachhaltigkeit fast immer nur als Faktor gesehen, der das Endprodukt verteuert. Dass wir hier aber über ein Thema nachdenken, welches uns selbst (Ver- braucherschutz und Arbeitssicherheit), die Umwelt (Gewäs- ser-, Immissionsschutz und Ressourcenproduktivität), aber auch nachfolgende Generationen betrifft, ist vielen Ent- scheidungsträgern beim täglichen Streben nach Gewinn- optimierung nicht bewusst, oder es darf einfach keine Rolle spielen. Wir von CF fühlen uns diesem Thema sehr stark verpflichtet; nicht zuletzt deshalb haben wir uns entschie- den, unsere gesamte Produktion nach dem bluesign® Stan- dard zu zertifizieren.

8 Die Qualitätsfrage beim Kauf von Textilien

In der Mode ist der Qualitätsbegriff vom Produktergebnis selbst weitgehend losgelöst. Unser Auge bewertet eher den „Look" als die Verarbeitung der Nähte. Anders bei kos- metischen Produkten: Strähniges oder glanzloses Haar wird sofort mit dem Shampoo oder der Haarkur in Verbindung gebracht, weil man deren Anwendung kennt beziehungs- weise auf der Rückseite der Flasche nachlesen kann. In der Bekleidung aber wirft die Anwendung – etwa wie Farben,

Muster oder Stoffe miteinander kombiniert werden können und ob sie auch zum Typ der Trägerin/des Trägers passen – oft Fragen auf. Dadurch rückt der Style – und ob er gelingt – in den Vordergrund der Bewertung.

Wer zum Beispiel bei einem (noch) unbekannten Designer-label mit eigenem Laden oder eigenem Internet-Shop ein-kauft, kann von einem guten Preis-Leistungs-Verhältnis ausgehen. Das kann aber teuer werden, wenn die Beratung ausfällt und mir das Outfit am Ende nicht steht oder meiner Ausstrahlung sogar schadet. Denn gerade im Modekonsum geht nichts über eine gute stilistische Beratung.

Die Frage nach der Qualität textiler Endprodukte lautet: *Würde ich dieses Teil auch aus zweiter Hand kaufen?*

Die Angebote in Secondhand-Läden oder einschlägigen Versteigerungsportalen von privat an privat belegen, dass es die *produkt*getriebenen Marken sind, die im Wiederver-kauf Begehrlichkeit wecken. Das heißt: Die Produkte einer Marke sind bekannt für eine gute Konfektionierung (Grö-ßen fallen immer gleich aus) und eine kontinuierlich sehr gute Verarbeitung. Im Vergleich bauen *marketing*getriebene Marken auf einem künstlich erzeugten Image und einem virtuellen Wert auf, ähnlich wie eine Aktienoption, bei der man noch lange keine Aktie in der Hand hält. Wer also ein trendiges und heftig beworbenes Label trägt, muss noch lange kein gutes Produkt tragen.

Textilien mit einem niedrigen Preis sind nur dann ein Schnäppchen, wenn der ursprüngliche Preis ehrlich ist und der Wert der Ware höher liegt. Billige Artikel sind keine Schnäppchen.

Für den sinnvollen Konsum von Kleidung möchte ich Ihnen eine vorherige Garderobeninventur ans Herz legen. Wer weiß, was er hat und was er braucht, kauft gezielter ein und hat dadurch mehr Budget für die Qualität der einzelnen Teile zur Verfügung. Dafür nehmen Sie sich zweimal im Jahr ein paar Stunden Zeit, um Ihre Garderobe zu sichten, Schrankleichen zu verabschieden und Offsaison-Ware aus dem Blick zu räumen. Winterpullover haben im Hochsommer in Ihrem Kleiderschrank nichts verloren. Das bringt Überblick und spart unendliche Stunden beim morgendlichen Anziehen – und Geld beim Einkaufen.

Im Top Level der Luxusmarken ist der Wiederverkaufswert eine Folge des meist über Jahrzehnte aufgebauten Markenkults. Die Qualität steht hier nie infrage – sie ist Teil des Weltbilds der Marke. Auch hier aber ist ein Kauf nur dann ein Erfolg, wenn mir das Kleidungsstück auch wirklich steht! Betrachtet man den Luxusgütermarkt, wird die Investition in manche Stücke tatsächlich zur Geldanlage, die das Umweltthema auf interessante Weise überflüssig macht.

Als Endverbraucher können wir nur begrenzt beurteilen, wie Produkte entstanden sind, welche technischen Werte bei-

spielsweise die Stoffe mitbringen und wie sich die Lebens-
verhältnisse der Menschen, die es zusammengenäht haben,
darstellen. Der Streit um faire Löhne, Gewinnmargen, nachhaltige Produktion und Sicherheitsstandards in der Textilindustrie tobt, und das ist gut so: Wir dürfen nicht mehr
aufhören hinzuschauen – und sollten bei jedem Kauf immer
wieder entscheiden, ob wir dem Label vertrauen.

Zusätzlich sollten wir aber auch unser Auge schulen und das
in Kapitel 4 beschriebene Wissen um Verarbeitungsqualität einsetzen, Stoffe durch ihre Haptik erfahren lernen und
unseren Kopf einschalten, ob ein Preis realistisch ist. Wir
können unser eigenes (Massen-)Konsumverhalten infrage
stellen und wieder mehr auf Klasse statt Masse setzen. Denn
Marketing ist durchaus etwas Großartiges, wenn es Vehikel
für gute Produkte wird. Und dann bezahlen wir es auch
gerne mit.

Für Marketing- und Werbetreibende heißt das im Umkehr-
schluss, dass die Entscheidung, für wen sie Werbung
machen, auch Verantwortung mit sich bringt. Manche
Unternehmen adeln die Verantwortung des Marketings mit
einer eigenen Vorstandsposition, dem CMO (Chief Marketing Officer). Wenn dieser außerdem noch eine Kultur für
Auftreten, Benehmen und Kleiden der Mitarbeiter definiert
und integriert – denn angenehmes und menschliches Personal bindet mehr Kunden –, hat er eine wahre und nachhaltige Aufgabe.

88 Der schon jetzt legendäre Werbeslogan der Automarke Opel „Umparken im Kopf" bringt auf den Punkt, worum es auch im Modekonsum geht. Erst wenn wir erkennen, dass billige Kleidung nicht nur für unser eigenes Portemonnaie die teure Lösung ist, können wir neue Entscheidungen treffen, von denen letztlich alle profitieren: Rohstofflieferanten, Hersteller, Näher, Händler – und wir selbst. *Billig hergestellt* und *preisreduziert verkauft* ist nämlich nicht das Gleiche. Das ach-so-günstige Angebot kostet unser Image, wenn wir selbst billig aussehen, erhöht die Ausgaben, weil es zum früheren Nachkauf zwingt, und belastet unser kollektives Gewissen, weil seine Herstellung auf Kosten der Umwelt und eben oft anderer Menschen geht. Es wird Zeit, dass wir umparken.

9 Brillen und Sonnenbrillen

Ganz im Zeitgeist der Verbraucher- und Marken-Checks werden auch Optiker vermehrt unter die Lupe genommen, denn Preis und Leistung sind für uns Kunden vielfach undurchsichtig: Einem vergleichsweise geringen Materialwert – denn das pure Material des Gestells beispielsweise macht manchmal nur einen Bruchteil des Kundenendpreises aus – stehen die Qualität des Sehens, die fachliche und stilistische Beratung durch einen hoffentlich dafür qualifizierten Mitarbeiter und ein boomender Markt gegenüber.

Die Brillenschlange von gestern nämlich wurde schon längst zum Trendsetter erklärt. Wer gibt sich heute noch mit nur einer Sehhilfe oder weniger als zwei Sonnenbrillen zufrieden? Im flächig mit Optikern übersäten Deutschland sind es eher die ohne Brille, die *avantgarde* sind – anders übrigens als in europäischen Nachbarländern wie Italien, in denen Apotheken und Optiker eher rar, dafür Handtaschenläden flutartig verbreitet sind. In südeuropäischen Ländern hat die Lederindustrie Tradition, während das Geschäft mit Krankheit offenbar weniger Anziehungskraft besitzt. Man könnte es auf die höhere Zahl der Sonnenstunden schieben, aber das ist nicht belegt.

Das Image der Brille hat sich also zum Glück für alle, die früher noch gehänselt wurden, sehr gewandelt, und der Kampf um Marktanteile ist auch hier fruchtbarer Boden für neue Vertriebsideen mit Vor- und Nachteilen für uns Kunden. Denn wo sie tatsächlich als Sehhilfe benötigt wird, ist die Brille mit differenzierten Schritten der Herstellung verbunden, die im besten Fall für Wohlbefinden und Sichtqualität – und im schlechtesten zu Kopfschmerzen und späteren Sichtschäden – führen können.

„Gut hören, gut sehen ist ein Stück Lebensqualität, mit dem man nicht leichtsinnig umgehen sollte", sagt daher der „Hörakustik- und Augenoptikmeister aus Leidenschaft", Giovanni Di Noto, der sich Zeit für ein Interview nahm, das Sie ab Seite 97 lesen können. Sein inhabergeführter Betrieb steht für „Handwerkliche Qualität, Zuverlässigkeit und Fachwissen zum Wohle des Kunden" und bildet auch aus. Seit 2004 gehört er der Mitgliederversammlung des Zentralverbandes der Augenoptiker ZVA (Bundesinnungsverband) an.

Entsprechend beginnt eine gute Sehhilfe mit der sorgfältigen, von einem Fachmann durchgeführten Ermittlung des exakten Sehprofils, für die ein hochentwickeltes optisches Instrument als Basis für eine optimale Korrektur der oft unterschiedlichen rechten und linken Augen nötig ist. Das allein sollte einem bewusst machen, dass die Qualität des Produkts, wenn es um Sichtkorrektur geht, vor allem in der Beratung und in der Dienstleistung des Optikers liegt.

Trennen Sie also bitte gedanklich die Qualität der Gläser von der der Fassung.

Ein Verzicht auf die genaue Analyse ist unverantwortlich gegenüber sich selbst und der Lebensqualität im Alter, weil es zu ungewollten anatomischen Problemen wie zum Beispiel Fehlstellungen der Augen und unerwünschten Nebenwirkungen wie Kopfschmerzen oder vermehrt müden, brennenden Augen führen kann. Als Werkstoff für Brillengläser wird heute übrigens etwa zu 90 Prozent Kunststoff verarbeitet.

Wer eine Brille nicht als Sehhilfe, sondern als modischen Artikel konsumieren möchte, macht sich vielleicht ein paar Gedanken über Sinn und Unsinn von Auswahlsendungen. Manche Anbieter werben nämlich damit, dass man mehr Modelle bestellen (oder auch im Laden kaufen) und zurücksenden bzw. -geben kann, was einem nicht gefällt. „In Ruhe zuhause probieren und wählen" ist das Lockmittel – nur dass dort niemand ist, der einen fachlich und stilistisch objektiv berät.

Das Angebot beruht auf der Kalkulation, dass viele Menschen aus Bequemlichkeit doch nicht zurücksenden. Was also schon mal im Haus ist, hat den halben Weg in den Kleiderschrank schon gefunden.

Der Online-Handel treibt auch dadurch Blüten – und mit ihm wachsen das Logistikgeschäft und die Zahl der Pakete, die im Textil- und Modemarkt zwischen Sender–Empfänger und wieder zurück zum Sender unterwegs sind, nicht nur von Kultanbietern mit schrillem Schrei. Dass die vielen Paketzustellungen Kosten, Öko-Bilanz und Nachhaltigkeit negativ beeinflussen, liegt auf der Hand. Und die Beziehung zu den Nachbarn!

Wie viel Sorgfalt ist uns der eigene Stil, gerade wenn er mitten im Gesicht auf unserer Nase sitzt, noch wert? Eine Brille ist heute leider mehr Marken-Statement, als dass sie etwas für das Gesicht der Person selbst tut – und die Qualität der stilistischen Beratung lässt oft zu wünschen übrig. Die Grundsatzfrage bei der Wahl des geeigneten Brillen-Stils ist, ob man zuerst die Brille oder aber die Augen sehen soll. Als potentieller Kunde sollten Sie sich darüber schon einmal klar sein, bevor Sie ein Geschäft oder virtuellen Showroom betreten.

Bei einer Korrektionsbrille muss immer das gute Sehen in den Vordergrund rücken. Fassungen, die das Gesicht des Trägers und seine typischen Gesichtsmerkmale betonen sollen, gehen eher *mit* der Linie von Gesichtszügen und Außenkontur als gegen sie. Das bedeutet: Markante Gesichter mit geraden Linien und eckigen Formen werden durch eben solche Brillen hervorgehoben, weiche Gesichter mit abgerundeten Linien durch weichere Formen, wobei man aber die Gesichtsform nicht genau aufnehmen sollte. Manche Anbieter raten, genau gegen die Linie des Gesichts zu gehen, und erreichen damit, dass die Brille das Gesicht

dominiert. Absicht? Außer der Linie sind noch Farbe und
Material der Fassung relevant.

Für viele ist es schwierig, die Struktur des Gesichts zu
erkennen. Welcher Kunde kann sein Gesicht, das er täglich morgens im Spiegel begrüßt, mit dem nötigen Abstand
selbst analysieren? Bei den meisten käme hilflos „oval" heraus – auch wenn das Gesicht vielleicht herzförmig, tropfen-
förmig oder gar rechteckig ist. Dabei geht es um die Analyse der Struktur des Gesichts, die erkennbar ist, wenn man
die Haare zurücknimmt und die Linie des Kiefers betrachtet. Diese Einschätzung sollte daher auch Teil der Beratung
durch den Optiker sein, wird allerdings in der Ausbildung
kaum gelehrt, wie eine Meisterin des Handwerks einräumt.
Vom Direktor einer Ausbildungsstätte für Optikermeister
erhalte ich entsprechend auch folgende schriftliche Antwort
auf meine Frage: „Leider bin ich als Ansprechpartner für den
von Ihnen genannten Themenbereich völlig ungeeignet. Ich
bin Wissenschaftler und beschäftige mich in erster Linie
mit Optik und Optometrie. Konsum, Statussymbole und
Beauty sind eigentlich die Dinge, die mich am wenigsten
von allen interessieren. Es gibt an unserer Fachschule auch
niemand anderen, den ich Ihnen empfehlen könnte."

Soviel zur ästhetischen Ausbildung von Optikern in
Deutschland. Hier gibt es noch viel Potential. Mit meinem zweiten Interviewpartner von der Fachakademie für
Augenoptik in Hankensbüttel habe ich dann – zum Glück!
– eine Ausbildungsstätte gefunden, die dieser Thematik auf

der Spur ist und das Potential mit Wissen füllt. Denn die Vorzüge der Sehstärkenberatung reichen nicht mehr, um den stark wachsenden und preisaggressiven Internetanbietern etwas entgegenzusetzen. Styling-Know-how ist hier gefragt. Dabei sollte sauber zwischen allgemeiner Mode und individuellem Stil unterschieden werden. Zudem gibt es noch *Sehen.de*, die Seite des Kuratoriums für Gutes Sehen e.V., auf der Brillenträger sich selbst informieren können.

Im Idealfall kennt ein mündiger Kunde daher seine Gesichtsform und -züge und definiert seine Vorstellungen vor dem Gang zum Optiker oder dem Vorbeisurfen im Netz genau. Was ein Optiker aus Fleisch und Blut immer tun wird – und was im Internet nicht möglich ist –, ist außer dem Vermessen und Einschleifen auch das Feinabstimmen des Endproduktes auf beste Passgenauigkeit und das Überprüfen des Sichtabstands der Pupillen. Und schließlich ist auch der schöne menschliche Kontakt mit dem Optiker Ihres Vertrauens von Bedeutung, der aus der Brillenwahl eine vergnügliche Begegnung mit dem eigenen Image machen kann, der persönlichen Wirkung mit verschiedenen Brillenformen – oder auch ohne als Kontaktlinsenträger.

- Sehhilfe mit überprüfter Dioptrienzahl und Einstellung der Pupillenabstände
- Sonnen- oder Lichtschutz
- Formstabilität, Kratzfestigkeit und Pflegeleichtigkeit
- ein komfortabel und gut sitzendes Gestell mit angenehmem Gewicht
- Ausgleich oder Hervorheben charakteristischer Gesichtszüge
- trendige Aussage/Coolness

Das Gespräch mit Herrn Giovanni Di Noto habe ich durch eine Rückfrage bei Mathias Biermann, Leiter der *Fachakademie für Augenoptik* in Hankensbüttel, vertieft.

Herr Di Noto, wie setzt sich der Preis einer Brille konkret zusammen?

G.DN.: Ein Augenoptiker wird in der Regel die Handwerkerkalkulation anwenden, welche die Einzelleistungen für Fassung, Gläser und viele Dienstleistungen rund um das fertige Produkt ausweist. Es wird viel darüber diskutiert, ob das Aufschlüsseln der Leistungen für mehr Transparenz sorgt oder aber das Auszeichnen des „nackten" Preises, zum Beispiel eines Gestells, einen Lockpreis darstellt. Es gibt hier eine gespaltene Meinung. Und auch das Brillengestell alleine enthält ja schon einige Leistungen, die wir nicht gleich sehen, wie zum Beispiel das Design, Markenlizenzen oder einen Preiszuschlag wegen limitierter Auflage. Auch bei der Brille gilt: Die Auflage beeinflusst den Preis.

Womit wir bei den Preisunterschieden sind. Was ist noch wichtig – außer dem Markennamen?

G.DN.: Sich auf das Anfertigen zu beschränken, wäre zu einfach. Das ist, was im Internetverkauf passiert. Es müssen ja erst mal alle notwendigen Parameter ermittelt und später auch überprüft werden. Es kommt vor, dass Kunden sich im Geschäft beraten lassen, um anschließend im Internet billiger zu kaufen. Dann aber steht die Umsetzung der Daten infrage, weil ja jedes Brillenmodell anders ist, etwa in Sitz und Vorneigung.

Viele meinen, mit der Dioptrienzahl ist es getan, aber damit eine Brille gut für den Träger ist, braucht es mehr. Der scheinbare Vorteil kann sich dann zum Nachteil des Kunden kehren. Außer sauberen Daten als Basis der Herstellung finden Sie beim Fachhandel noch ausgebildetes Personal, das auch mit Ihnen spricht, die anatomische Anpassung, angemessene Räumlichkeiten und eine Bezugsquellengarantie. In unseren Läden können wir jederzeit Auskunft über die Materialien und die Herkunft der Produkte geben.

… was das Thema Nachhaltigkeit berührt.

G.DN.: Als Kunde würde mich auch der Produktionsstandort interessieren. Extrem günstige Anbieter dürften in Hongkong fertigen lassen, und da ist wieder die Frage, wie es in diesen Produktionsstätten aussieht. Die größten Brands, die wir hier in Europa finden, werden mehrheitlich über zwei Anbieter aus Italien und einen aus Frankreich angeboten. Natürlich können wir deren Zulieferer nicht kontrollieren, sie stehen aber bereits allein durch die kontinuierliche Zusammenarbeit in der Pflicht, Qualität zu liefern. Zudem gibt es auch eine DIN-Norm in Europa, die einzuhalten ist.

Was sagen Sie zu Fertiglesebrillen – sind die auch leichtsinnig?

G.DN.: Fertigbrillen sind nur für den Notfall eine kurzfristige Hilfe – dieser Hinweis steht ja sogar auf den Verpackungen. Sie bieten kaum Abbildungsqualität und sind optisch nicht mit einer individuell angefertigten Lesebrille zu vergleichen. Wenn man sie nur für den Notfall nutzt, handelt man nicht leichtsinnig. Sonst aber schon.

Nach welchen Kriterien werden die Brillensortimente zusammengestellt?

G.DN.: Das „In"-Sein ist ja von den Medien vorgegeben. Welcher Star wann welche Brille getragen hat, beeinflusst sehr schnell die Nachfrage. Die Kunden fragen sehr gezielt nach diesen Trends. Mein Credo aber ist „In ist, worin Du Dich wohlfühlst!" Denn wenn ein Kunde den Laden mit einer Brille verlässt, die ihm nicht steht, fällt das auf mich zurück. Ich würde mir also kurzfristig und langfristig schaden. In so einem Fall habe ich auch schon mal auf den Verkauf verzichtet …

Die gewisse Gleichförmigkeit hat natürlich auch mit den Einkaufskonditionen zu tun: Viele gleiche Modelle bedeuten einen günstigeren Einkaufspreis durch Mengenrabatt.

Das sind die Großfilialisten. Kleinere und Einzelunternehmen gründen Einkaufsgemeinschaften, teilweise mit eigenen Linien.

Herr Biermann, was beinhaltet die Ausbildung eines Augenoptikers?

M.B.: Die Ausbildung zum Augenoptiker ist extrem breit gefächert. Zum einen enthält sie den handwerklichen Bereich. Hier wird geschult, welche Daten zu ermitteln sind, um eine Brille perfekt anfertigen und anpassen zu können. Ebenso wichtig ist es, den Kunden umfangreich und individuell zu beraten. Hier spielen Fragestellungen wie z.b. Hobbys und bestimmte Gewohnheiten eine große Rolle, um das für den Kunden bzw. die Einsatzzwecke der Brille optimale Zusammenspiel aus Brillenglas und -fassung herauszufiltern. Beispielsweise ist für eine rein privat genutzte Lesebrille ein anderes Glas notwendig als für eine Fernbrille, die ein Motorradfahrer unter seinem Helm trägt. Bei letzterer sind die Gläser sehr wahrscheinlich häufigen Verschmutzungen und gegebenenfalls starker mechanischer Belastung zum Beispiel durch das Helmvisier ausgesetzt. Dies gilt natürlich auch für die Fassung. Form, Farbe und Material der Fassung sind ebenso auf den Kunden und den Einsatzzweck der Brille abzustimmen.

Solche Fragestellungen werden an unserer Fachakademie zusätzlich vertieft. Das ist eine Besonderheit, die es so nur in Hankensbüttel gibt. Das Konzept nennt sich Berufsschule PLUS Fachakademie. Auszubildende erhalten bei

uns – begleitend zum Berufsschulunterricht – Zusatzschu-
lungen, um sie unter anderem für die Kundenberatung im
Betrieb fit zu machen. Hier werden Themen wie Styling
und Annahme von Reklamationen ebenso vermittelt wie
Grundkenntnisse über die Tätigkeit des Meisters. Denn
der Auszubildende und spätere Geselle sollte dem Kunden
zumindest Basisauskünfte darüber geben können, was eine
Refraktion ist und was dabei wie ermittelt wird. Auch sollte
unserer Meinung nach der Auszubildende die für die Kundenberatung elementaren Kenntnisse über Kontaktlinsen
vermittelt bekommen. Wie soll er sonst Kunden zum Beispiel zum Thema Sehen und Sport optimal beraten?

Die Tätigkeit des Augenoptikermeisters geht darüber noch
weit hinaus. Die Meisterausbildung beinhaltet in hohem
Maße optometrische Aufgaben. Das bedeutet, dass hierbei
geschult wird, das Auge zu analysieren und bestmöglich
auszukorrigieren. Durch diese Kenntnisse wird der Augen-
optikermeister außerdem zum Mittler zwischen Kunden
und Facharzt für Augenheilkunde, weil er mögliche im
Rahmen seiner Tätigkeit entdeckte Auffälligkeiten zum
Anlass nimmt, den Kunden zum Augenarzt zu schicken.
Aufgrund der großen Nachfrage bieten wir neben der Meisterausbildung auch die Ausbildung zum Optometristen
(ZVA) an. Auch eine komplette Heilpraktikerausbildung
kann in Hankensbüttel durchlaufen werden. In diesem
Rahmen werden dann sogar medizinische Grundlagen vermittelt, die zum Absolvieren der anspruchsvollen Heilprak-
tikerprüfung nötig sind. Nach dem Bestehen der Prüfung

dürfen dann auch Krankheiten diagnostiziert und behandelt werden.

Zusätzlich zu diesem großen Aufgabenbereich wird der Meister natürlich noch in betriebswirtschaftlichen Bereichen ausgebildet, um sowohl seine Handwerksleistungen als auch seine Dienstleistungen kalkulieren und dem Kunden gegenüber transparent darstellen zu können.

Herr Di Noto, welche Gefahren birgt der Kauf einer Brille über das Internet?
G.DN.: Nicht selten eben Probleme beim Tragen wie schlechtes Sehen und Unwohlsein mit der Brille, weil individuell wichtige Einstellungen je nach Glas nicht vorgenommen werden können. Nehmen Sie allein die Vorneigung der Brille, sie ist bei jedem Modell anders. Allein schon für die Lebensqualität ist es ratsam, wenn Sie einmal im Jahr zum Augenoptiker gehen.

10 Uhren und Schmuck

Nur die feinsten Uhren und Juwelen haben einen Wiederverkaufswert. Hier kommen die edelsten Eigenschaften des Markenkults zum Tragen – wenn nämlich eine über Jahrzehnte aufgebaute Marke den Erwerb als Geldanlage adelt. Denn im Luxusmarkensegment ist natürlich auch die Qualität der schönen Pretiosen über jeden Zweifel erhaben, sie ist selbstverständlich. So bleibt ein Auktionspreis im Wiederverkauf stabil, auch – oder gerade – wenn das Pro-

dukt schon viele Jahre alt ist. „Eine Uhr von *Patek Philippe*,
Cartier oder *IWC* mag vielleicht vom ersten zum zweiten
Besitzer die Hälfte des ursprünglichen Kaufpreises ein-
büßen, wird anschließend aber immer wieder das gleiche
Preisniveau im Wiederverkauf erzielen", erzählt auch der
Partner meines Interviews, der Gründer und Geschäftsführer des *Eppli Auktionshauses, Juwelier, Luxus aus Privatbesitz*
in der Stuttgarter Innenstadt, Franz Eppli. Das Unternehmen schätzt, bewertet, präsentiert und verkauft Luxusgüter
mit zeitlosem Wert und hat damit eine Idee verwirklicht,
die in europäischen Nachbarländern durchaus üblich – bei
uns aber (noch) relativ unbekannt ist. Ein Wertgegenstand
wechselt den Besitzer, der hat ein paar Jahre Freude daran –
und verkauft ihn anschließend ohne Verlust wieder weiter.

Mit unseren Secondhand-Läden, deren Sortimente überwiegend aus Kleidung bestehen und die für Abwechslung
im Kleiderschrank sorgen, ist das nicht zu vergleichen, da
die Einstiegsqualitäten andere sind. Im Top-Segment geht
es um Besitzerstolz, denn Exklusivität hat ja auch etwas
Rares – sie ist der Ritterschlag für Zweite-Hand-Ware. Das
funktioniert übrigens nicht nur bei Schmuck und Uhren,
sondern kann auch für Textilien gehobener Spitzenmarken
gelten wie den legendären Hermès-Tüchern, die als Kunst-
ware und Sammlerobjekte gehandelt werden und jedes eine
Geschichte erzählt.

Markenimage ist also keineswegs immer nur Augen-
wischerei, die uns zum Kauf animieren will, sondern ist bei

Luxusgütern ein echter Nachhaltigkeitsgarant. Natürlich verlangt die Auswahl von *Vintage* (englisch: altes Modell) – also die Anwendung von modischen Retro-Looks – Fingerspitzengefühl und die persönliche Reife zu erkennen, was zu einem passt oder nicht. Denn hier fehlen die Stilvorbilder: Keine Werbekampagne (mehr), die einem zeigt, wie das Unikat zu kombinieren ist, um nicht verstaubt zu wirken. Mit den aus modischer Sicht antiken Produkten öffnet man sich dafür aber eine Welt der Verarbeitung und vergessen geglaubter Techniken, die einfach bestechend und mehr als einen zweiten Blick wert sind. Wer einmal ein großmütterliches Kristallglas neben einem zeitgemäß-schlichten gegen das Licht gehalten hat, versteht, was ich meine.

Vintage-Stücke wirken am besten, wenn alles andere unaufdringlich gehalten ist und Sie ein weiteres Element kombinieren, das einen Übergang schafft. Denn unser Auge hat sich an die reduzierte Schlichtheit gewöhnt, wie etwa in der Architektur, der Inneneinrichtung und der Mode. Nur manchmal kommt eine Fashion-Saison mit „Bling-Bling" und Nieten vorbei. Aber was sind schon Pailletten gegen echte Wertarbeit? Ein Set unglaublicher Deko-Ohrringe mit echten Steinen beispielsweise tragen Sie zum schlichten Kleid aus einer edlen Farbe, die Ihren Teint und die Steine zum Leuchten bringt. Dazu wählen Sie noch ein weiteres Element, das den Deko-Charakter der Ohrringe wieder aufnimmt, etwa eine romantische Clutch zum Abendkleid oder eine verspielte Frisur zum Tages-Outfit. So sieht *Retro* nach Absicht aus.

Das Wertebewusstsein der Marke – und der damit vermutete Preis – stellt auch den Status von Uhren sicher. Für
viele Männer ist die Uhr *das* Statussymbol schlechthin, im
besten Fall aufwertend, im schlechtesten abschreckend –
wenn zum Beispiel ein Kunde das Gefühl bekommt, dass
es dem Uhrenträger „zu gut" geht. Dann kann der Hinweis
Vintage oder „Erbstück" beschwichtigen, denn Protzigkeit
ist heutzutage einfach nicht mehr angesagt.

Wer aber gebraucht kauft, sollte auf die Glaubwürdigkeit
des Anbieters Wert legen: Echtheitszertifikate und Garan-
tien auf die Uhrwerke gehören dazu und sollten auch aus
Privathand ohne Rückfrage beigelegt werden – wie im
Kunstmarkt. Denn die Preismöglichkeiten gerade bei
Uhren sind breit gefächert: Da gibt es rare Stücke für sechs-
stellige Beträge – und andererseits günstigste Quarzuhren,
die durch *Swatch* ihren Siegeszug angetreten haben. Ihr
Gründer war für die vielen Uhren um beide Handgelenke
bekannt, der die spielerische Komponente in den Uhren-
markt hinein trug und dem traditionellen Kult die Gefolg-
schaft verweigerte.

Über mechanische und batteriebetriebene Uhrwerke und
was stilistisch bei der Auswahl zu beachten ist, gibt es in
meinem ersten Buch ein eigenes Kapitel. Als Kunde sollten Sie auch bei sich selbst auf angemessene und gepflegte
Kleidung achten und sich für den Uhren- und Schmuckkauf
wirklich Zeit nehmen – je mehr Sie ausgeben wollen, desto
eher mit vorheriger Terminvereinbarung. Uhrenarmbänder

sind letztlich Geschmackssache und eine Frage der Hautverträglichkeit, sie geben der Uhr nur den Rahmen, wobei Lederarmbänder sportlicher, Metallarmbänder mehr nach Schmuck aussehen und vor allen Dingen auch zum Anlass passen müssen, so wie das Stück selbst zum Typ – Preis hin oder her. Geschmackvoller, in Größe und Form auf den Typ abgestimmter und nicht ganz so teurer Schmuck ist nämlich allemal besser als klotziger, der zum Menschen nicht passt.

Für Ihren Stilalltag gibt es noch diese Empfehlung: Manchmal möchte man ein Stück verlängern, kürzen oder umarbeiten lassen, zum Beispiel eine Kette. Bitte besprechen Sie mit Ihrem Juwelier genau, was Sie sich vorstellen und lassen Sie es auch auf dem Abholschein notieren. Oft wird nämlich nur ein Beleg mit Nummer mitgegeben – und die Diskussion um Zentimeter macht nach erfolgter Arbeit beide unglücklich. Sorgen Sie für eine saubere und handschriftlich notierte Kommunikation, damit beide Seiten dasselbe meinen.

Erwartungsprofil an Uhren und Schmuck

- Status durch Marke
- Wertanlage
- Zeitfunktion
- Abrundung eines Looks zur interessanten Erscheinung
- Betonung schöner Körperstellen wie etwa schöne Hände
- Typbetonung: passende Metallfarbe, Größe und Linie

Franz Eppli ist von der Landeshauptstadt Stuttgart öffentlich bestellter und vereidigter Versteigerer sowie Sachver-
ständiger für Schmuck und Juwelen. Die Leidenschaft für
Qualität ist Grundlage seines Berufes, und so war unser
Treffen einvernehmlich lebhaft und engagiert.

**Herr Eppli, welche Komponenten machen den Pro-
duktwert von Uhren und Schmuck aus?**
F.E.: Eine Art Grundwert stellt natürlich das verwendete
Material dar. Eine Uhr aus Gold hat einen entsprechenden Materialwert unabhängig von allen anderen wertbe-
stimmenden Faktoren. Der Wert einer Uhr aus unechtem
Material kann durchaus gegen null tendieren, wenn keine
weiteren Faktoren dazukommen, die die Uhr begehrens-
wert machen. Diese weiteren Faktoren sind zum Beispiel
die Marke oder das Renommee des Herstellers. In der Regel
bürgt ein bekannter Markenname bereits für die entspre-
chende Qualität des Produkts.

Es gibt und gab aber auch – vor allem beim Schmuck –
kleine Hersteller (oft sogar Ein-Mann-Betriebe), die hand-
werklich perfekte Schmuckstücke geschaffen haben. Viele
dieser edlen Pretiosen aus den 30er bis 80er Jahren des vergangenen Jahrhunderts sind oft leider dem Meister nicht
mehr zuzuordnen, da keine entsprechenden Punzen, also
eine Meisterbezeichnung, angebracht wurden. Aber auch
ohne wohlklingende Marke erkennt der Fachmann, aber
auch der interessierte Laie, die überragende Qualität der
Arbeit.

Hier in Stuttgart gab es einen legendären Juwelier, Juwelier Schilling, mit einer Goldschmiedewerkstatt, die bis in die 70er Jahre allerfeinsten Juwelenschmuck produzierte. Schilling wurde sogar mit dem *Diamond International Award* (dem Oscar der Juweliere) ausgezeichnet.

An welchen handwerklichen Merkmalen erkennt der Laie Qualität?

F.E.: Wenn man ein perfekt gearbeitetes Schmuckstück in die Hand nimmt, ist man meist vom etwas höheren Gewicht als erwartet überrascht. Nur bei günstiger Massenware macht es Sinn, an nicht sofort sichtbaren Stellen Material einzusparen (bei 500 Ringen jeweils 0,5 Gramm Gold einzusparen sind immerhin 250 Gramm!).

Um handwerkliche Qualität zu erkennen, gehören ein wenig Erfahrung und eine Lupe dazu. Mit der Lupe werden Sie sofort die perfekte Arbeit eines begnadeten Meisters oder die schlichte Arbeit eines unbegabten Handwerkers erkennen.

Qualität erkennt man aber auch an der durchgehend hohen Qualität z.B. der Steine. Diese zu bewerten ist Expertenaufgabe. Ein sehr gut gearbeitetes Schmuckstück mit einem mittigen, großen Diamanten in Top-Qualität, aber einem Kranz kleinerer Diamanten in minderer Qualität hat bereits den Anspruch auf einen Spitzenplatz verloren.

F.E.: Wie bei jeder Produktberatung ist es wichtig, hinzu-
hören und herauszufinden, was der Kunde mit dem Kauf
bezweckt. Auch die Lebenseinstellung und der Lebensstil
des Kunden spielen eine wichtige Rolle. Ist er Perfektio-
nist, werde ich ihm Brillanten in allerfeinster Qualität mit
internationaler Expertise anbieten. Will der Kunde aber für
denselben Kaufpreis „mehr zeigen", ist er mit einem grö-
ßeren Stein, der mehr Karat hat, aber in Farbe und Rein-
heit schlechter ist, vielleicht besser bedient. Die berühmte
Balance von Klasse und Masse spielt auch hier eine große
Rolle.

Dasselbe gilt auch für Uhren. Mancher freut sich darüber,
dass kaum jemand merkt, dass seine unscheinbare Platinuhr
– kaum von Stahl zu unterscheiden – ein kleines Vermögen
wert ist.

**Verraten Sie uns ein paar ganz persönliche Tricks beim
Uhren- oder Schmuckeinkauf?**
F.E.: Wenn Sie sich ein höherwertiges Schmuckstück oder
eine hochwertige Uhr anschaffen wollen und einen realistischen Gegenwert erwarten, gibt es nur die beiden Möglichkeiten, über eine Auktion oder bei einem seriösen Händler
Schmuck aus zweiter Hand zu kaufen.

Ein wichtiger Punkt beim Kauf von Neuware, der schnell
den Spaß verderben kann, ist die Endgültigkeit. Wegen des

hohen Wertverlusts muss das Schmuckstück oft ein ganzes Leben begleiten, obwohl man längst einen anderen Stil lebt.

Sie stehen für Nachhaltigkeit durch Wiederverkauf von Qualitätswaren. Wie sehen Sie das mit Echtleder und Pelzen?

F.E.: Nachhaltigkeit und ökologische Verantwortung gehören zwangsläufig zu unserer Tätigkeit. Nehmen Sie die Produktion von Gold. Um ein Gramm Gold zu gewinnen, werden mehrere Tonnen Erdreich bewegt. Durch die Verwendung von Quecksilber bei der Trennung werden riesige Landstriche vergiftet. Da ist es schon ein gutes Gefühl – für den Käufer, aber auch für uns – ein Schmuckstück zu verkaufen, dessen Gold bereits vor 50 oder vor 100 Jahren produziert wurde.

Das Thema Pelze wird in jeder Wintersaison diskutiert. Als naturverbundene Familie mit Hund und eigenen Pferden sehen wir das Thema sehr kritisch. Trotzdem verkaufen wir pro Saison mehrere Hundert feine Pelze.

Die Pelze kommen in der Regel aus Nachlässen. Die Erben liefern die Pelze bei uns ab, und wir verkaufen sie an Damen, die sich an der Qualität und Einzigartigkeit erfreuen. Die Alternative wäre, den Lieferanten (also den Erben) zu raten, ihre Pelze auf den Müll zu werfen. Dies finden wir respektlos gegenüber den Tieren, die ihr Leben gelassen haben, und respektlos gegenüber den Erblassern, die den Pelz in einer weniger kritischen Zeit gekauft und mit Freude getragen haben. Und – ganz wichtig! – die Dame, die bei uns einen gebrauchten Pelz kauft, ist frei von Verantwortung. So sehe ich es. Durch ihren Kauf wird kein weiterer Pelz produziert.

11 Schreibgeräte

Schreiben gehört zu unserer Kultur, und das bildliche Wort ist elementarer Teil der Kommunikation und des Verstehens. Ohne die Orthografie und die einheitlichen Spielregeln, wie Buchstaben in unserem Kulturkreis zu formen sind, wäre die Verständigung über Briefe in der Vergangenheit und heute kaum möglich gewesen. Die Digitalisierung hat viel verändert und ist doch eine Bereicherung, die so vieles einfacher gemacht hat. Heute stehen das Digitale und das Handgeschriebene nebeneinander und sind beide richtig – im jeweiligen Moment.

Die Handschrift hebt den Wert des Geschriebenen und macht aus der alltäglichen, reproduzierbaren Kommunikation einen Ausdruck einmalig festgehaltener Gedanken und Gefühle, der nicht wiederholt werden kann. Ein handgeschriebener Liebesbrief beispielsweise ist ein „für die Ewigkeit" festgehaltener Gefühlsausdruck. Und auch die Unterschrift unter einer Heiratsurkunde oder einem Vertrag hat Bedeutung – und Konsequenzen. Immer, wenn es also wichtig wird, gilt die Unterschrift per Hand. Und dies mit Schreibgeräten, denen man ansieht, ob Sie die Situation wichtig nehmen. In einer Welt der elektronischen Briefe haben sich Füller, Stifte und Kugelschreiber vom Nutzgegenstand zu Accessoires entwickelt, die eine Aussage über ihren Besitzer treffen, zum Beispiel über seinen Stil und Geschmack oder die Bereitschaft, Geld für den persönlichen Auftritt auszugeben und dies auch zu zeigen, vielleicht mit einer Goldlegierung der Feder oder einer Prestigemarke, eben als Statussymbol.

Dabei ist der Füller ein eher langsames Medium, das aus diesem Grund auch eine meist schönere Handschrift zaubert und eleganter wirkt, ein Kugelschreiber das schnellere Medium mit vergleichsweise flüchtiger Anmutung. Wer für besondere und alltägliche Momente in die Füllerkultur eintauchen möchte, sollte zunächst einmal ausprobieren, wie das Gerät in der Hand liegt, sich anfühlt und führen lässt. Für die individuell austauschbare Federspitze ist herauszufinden, welche Stärke – gerade, schräg oder Kugelspitze – und Breite zum eigenen Temperament und der Größe der Handschrift passt. Bei Kugelschreibern ist es entsprechend die Minenstärke: Großzügige Schriftzüge lieben breite, filigrane Schriften schmale. Es ist ja auch nicht neu, dass die Handschrift viel über den Charakter verrät, und nicht umsonst werden in manchen Ländern wie der Schweiz noch immer grafologische Gutachten bei Personalauswahlverfahren eingesetzt. Wer eine normale Handhaltung mit gering abgewinkeltem Handgelenk hat, kommt mit geraden oder runden Federspitzen in der gewünschten Stärke gut zurecht. Eine ungewöhnliche Handhaltung oder aber der Wunsch nach einem besonderen Schriftbild werden mit schrägen „O"-Federspitzen (franz. „oblique", was schräg bedeutet)

gut bedient – letztlich muss es sich gut anfühlen und das
Schriftbild gefallen.

Die gängigen Federbreiten, die Sie im Handel finden:
- Feine: EF für extra fein und F für fein
- Mittlere: M für mittel
- Breite: B für breit und BB für besonders breit
- Schräge: OM für abgeschrägt mittel, OB für abgeschrägt breit und OBB für abgeschrägt besonders breit

Dadurch ergeben sich folgende Empfehlungen für die Auswahl:
- Schreibanfänger (Schüler 1. Klasse): eine spezielle A-Feder aus Stahl, die dem anfangs höheren Druck nicht nachgibt, also nicht spreizt, und ein gleichmäßiges Schriftbild abgibt.
- Schüler und junge Menschen, deren Schrift sich noch entwickelt: M-Federspitze
- Linkshänder: M-Federspitze oder alternativ spezielle LH-Spitze
- filigrane, engstehende Handschrift: EF, F oder M
- größere, lockere Handschriften: B oder BB
- andere Finger-/Handhaltung oder gewünscht anderes Schriftbild: OM, OB, OBB

Es ist übrigens wissenschaftlich belegt, dass sich Menschen besser merken können, was sie nicht nur hören, sondern auch in eigenen Worten zusätzlich notieren. Das ist für junge und ältere Menschen in der Aus- und Fortbildung von echter

Bedeutung. Nur mit digitalen Unterlagen, die der Lehrer oder Trainer zur Verfügung stellen, ist es also nicht getan, denn von dem, was man liest, behält man nur 10 Prozent im Gedächtnis, was man hört und gleichzeitig sieht, bereits 50 Prozent, und was man selbst tun kann, bereits 90 Prozent. So funktioniert effektives Lernen: Je mehr Wahrnehmungskanäle bedient werden, desto besser wird eine Information im Gedächtnis gespeichert. Das unregelmäßige Bild von Handnotizen bleibt also viel eher haften als jedes gleichmäßige Word-Dokument. In meinen Seminaren erarbeiten wir zum Beispiel Gesichtsformen und ihre Bedeutung für die Auswahl von Frisur, Schmuck und Brille durch Handzeichnungen am Flip-Chart, die vielleicht skurril aussehen – aber in den Köpfen hängenbleiben.

Es ist auch ein immer beliebter werdender Ansatz, dass man sich Lebensziele und -wünsche mit der Hand aufschreiben sollte, um ihnen damit eine materielle Form zu geben, die sich erfüllen kann. Dabei ist die positive Wortwahl von Bedeutung, weil das Unterbewusstsein, das sie realisieren soll, *Nein* und *Nicht* nicht kennt.

Vor dem Kauf des persönlichen Schreibaccessoires sollten Sie sich grundsätzlich überlegen, ob Sie eher auf ornamentales oder puristisches Design Wert legen, das beeinflusst die Wahl des Herstellers. Außerdem steht die Frage nach einem Etui an, das ein Ritual des Auspackens mit sich bringt. Jemand, der zum Beispiel dynamische Geschäftigkeit dokumentieren möchte, wird so einem Ritual keine

Zeit einräumen. Da das persönliche Schreibgerät bei guter Pflege – und wenn Sie es sich nicht vorher stehlen lassen – sehr viele Jahre Ihr Begleiter sein wird, lohnt sich die Überlegung vor dem Kauf. Ihr Image jedenfalls wird profitieren, wenn Sie Filzstifte oder günstige Werbe-Kugelschreiber beliebiger Marken durch Edleres ersetzen, das Sie besonders macht.

Erwartungshaltung an Schreibgeräte

- Status/Anheben des Image
- eventuell Gravurmöglichkeit
- ein ansprechendes Schriftergebnis
- gute Ergonomie/liegt gut in der Hand
- Gewicht und Größe passend zur Handstärke
- ästhetisches Gesamtbild
- schöne und umweltfreundlich hergestellte Verpackung

Im Gespräch mit meiner Interviewpartnerin Beate Oblau, seit über zwanzig Jahren Bereichsleiterin Marketing bei *Lamy*, eröffnet sich einem die ganze Dimension der Schreibkultur. Das Unternehmen ist Marktführer und Designikone des reduzierten Bauhaus-Stils im Schreibgerätemarkt und produziert ausschließlich in Deutschland.

Frau Oblau, was beinhaltet der Preis zum Beispiel eines hochwertigen Füllfederhalters/Luxus-Kugelschreibers?

B.O.: Material und Verarbeitung zusammen machen bei uns den Großteil des Wertes aus. Dabei ist der Wert einer Feder mit Goldlegierung natürlich höher als eine aus Edelstahl und vermittelt auch ein anderes Schreibgefühl. Entwicklung und Prototypenbau, die Herstellung mit vielen Handgriffen, die Qualitätssicherung sowie die Vielzahl der zu verarbeitenden Einzelteile gehören dazu. Es gibt in der Schreibgerätebranche sehr hochpreisige Marken, bei denen das Marketing und der gehobene Status der Marke in den Preis einfließen, sozusagen als Demonstration nach außen. Bei uns ist das Preis-Leistungs-Verhältnis produktbezogen. Beides kann nebeneinander im Markt bestehen, weil unsere Kunden verschieden sind und unterschiedliche Bedürfnisse haben – dies ganz ohne Wertung. Unsere Schreibgeräte vermitteln Understatement und sind eine Art „Insider"-Botschaft unter Kennern, die ihre Benutzer verbindet.

Wie lange hält so ein Schreibgerät, und wie oft sollte die Feder gewechselt werden?
B.O.: Eigentlich nie. Ein guter Füller hält ein Leben lang, auch die Feder, wobei eine Goldfeder meistens als weicher empfunden wird als eine aus Edelstahl. Bei guter Pflege halten alle Federn entsprechend lang.

Gibt es Empfehlungen für die Handhaltung?
B.O.: Am entspanntesten ist die 3-Finger-Haltung, die man auch über eine halbe Stunde hinaus durchhalten kann. Dabei wird der Stift zwischen Daumen und Zeigefinger gehalten, liegt auf dem Mittelfinger leicht auf und man

spürt sein Gewicht. Schreiben ist somit auch eine Art Handarbeit, die feinmotorische Fähigkeiten fördert, was eine PC-Tastatur nicht kann. Viele Kinder spielen heute zu Hause zu wenig, was zu feinmotorischen Schwierigkeiten führen kann. Schreiben und auch Spielen oder Basteln sollten also unbedingt in der Kindererziehung gepflegt werden.

Ist das Schreibgerät als Statussymbol noch zu halten?
B.O.: Heute mehr denn je, gerade beim Gebrauch einer Marke aus dem Hochpreis-Segment. Es ist aber auch eine Stilbotschaft und wird wie ein persönliches Accessoires eingesetzt, beispielsweise wie eine Uhr. Man unterscheidet sich von anderen und zeigt, dass man auf Details Wert legt. Das ist eine Qualitätsaussage, die Rückschlüsse auf die Arbeitsgüte zulässt und Vertrauen stärken soll.

Welche persönlichen Empfehlungen haben Sie für das beste Preis-Leistungs-Verhältnis?
B.O.: Ich würde immer zuerst auf Handlage und Gewicht achten. Was sich gut anfühlt, passt meist auch zur Persönlichkeit.

12 Strumpfwaren

Die richtige Auswahl der Strumpfhose kann ein Outfit anheben oder optisch komplett zerstören. Ich erinnere mich zum Beispiel an das Foto einer berühmten Frau, die zum hellblauen Schneiderkostüm kompakte schwarze Strümpfe kombiniert hatte, ein harter Bruch, der dem ganzen Look die Leichtigkeit nahm. Nach welchen Spielregeln wird kombiniert – und welche Kriterien lassen sich für einen Qualitätsmaßstab bei Strumpfwaren überhaupt anlegen?

Der Schwerpunkt, was gut ist, wird bei Herrensocken und Damenstrümpfen sicherlich unterschiedlich bewertet. Für Männer ist das Material bedeutend, das in erster Linie angenehme Trageeigenschaften, Hautverträglichkeit und eine gewisse Haltbarkeit mitbringen sollte. Je nachdem, welche Faser und in welcher Dicke sie verarbeitet wurde, hält so ein Strumpf nur wenige oder zahlreiche Waschzyklen durch, ohne an den Fersen helle Stellen zu zeigen. Sobald das Wäschestück durchscheinend wird, sollten Sie es kompromisslos ersetzen, sonst kann es Ihnen passieren, dass Sie zum Bespiel als Gastgeber im Geschäftsleben vor Ihren Businesspartnern eine Treppe hochgehen – und diese die ganze Fadenscheinigkeit zu Gesicht bekommen. Das darf Ihnen nicht passieren.

Als Materialien kommen in der Regel Wolle, Wollmischungen, Baumwolle oder aber die feinere merzerisierte Baumwolle oder auch Seide zum Tragen. Je nach Saison, Anlass und persönlichem Wärmeempfinden kann die Auswahl unterschiedlich sein. Eines aber sollte eine Herrensocke nie: Rutschen und dabei die Wade entblößen! Die Menge der Behaarung ist „zu viel Information", mehr als wir sehen wollen. Bei den Farben sollten die klassische Auswahl und ein modisches Statement gegeneinander abgewogen werden. Wer Menschen in ihrer Kleidung bewusst betrachtet

und daraus seine Schlüsse zieht, kommt vermutlich darauf,
dass sehr farbige, stark gemusterte oder mit Figuren verse-
hene Modelle an Männern eher komisch als modisch wirken
und den Blick des Betrachters vom Gesicht des Menschen
weg lenken. Im klassischen Business orientiert sich die
Sockenfarbe an der von Schuh oder Hose.

Bei Damen-Feinstrümpfen stellt sich die Materialfrage
dagegen nicht: Eine Komposition aus Polyamid und Elastan, beides synthetische Chemiefasern, ist hier durchgän-
gig. Die Denierzahl gibt an, wie viel Gewicht ein Garn von
9.000 Metern Länge hat. Somit ist ein Garn, das nur 15
Gramm auf die genannte Länge wiegt, wesentlich feiner als
eines, das 40 oder mehr Gramm pro 9.000 Laufmetern des
Garnes wiegt. Man unterscheidet zwischen den sogenannten *Transparenten (Sheers)* und den *Blickdichten*, die bei 40
Den beginnen. Für die Auswahl der richtigen Ausführung
sind diese Fragen relevant:

- **Passform:** Sitzt die Strumpfhose wie eine zweite Haut,
  macht jede Bewegung mit, zieht nirgends und gibt
  Wohlbefinden? Auch in der Fußspitze sollten die Zehen
  nicht zu sehr zusammengedrückt werden; manchmal
  ist es nämlich nicht der Schuh, der drückt, sondern der
  Strumpf.
- **Schnitt und Bund:** Passen sie zu meinem Körper?
  Eine Hüftstrumpfhose beispielsweise fühlt sich für eine
  schlanke Frau super an, rutscht aber bei einer anderen mit
  etwas Bäuchlein schnell herunter.

- **Sonderfunktionen:** Erfüllt die Strumpfhose ihren Zweck? Wenn ich etwa ein hautenges Kleid tragen will, darf aber auch gar nichts einschneiden, auch nicht in der Taille. Bei Peep-toes, also Schuhen mit einer Öffnung für die Zehen, sollten die Zehen unbedingt unbestrumpft sein. Trotzdem möchten Sie vielleicht eine gleichmäßige, nicht zu blasse Beinfarbe. Dann brauchen Sie eines der neuen Modelle, welche die Zehen frei lassen.

- **Garnstärke:** Ist meine Beinpflege fit für transparente Strümpfe? Je heller und feiner ein Strumpf, desto gleichmäßiger sollte alles darunter sein, inklusive der Haarentfernung. Da „ohne Strümpfe" im klassischen Business keine Option ist – keine Asiatin oder Amerikanerin würde je mit nackten Beinen Geschäfte machen wollen –, ist ein nicht zu heller, natürlich wirkender und höchstens matt glänzender Strumpf auch im Sommer angezogener. Bei sehr hohen Temperaturen sind halterlose Strümpfe eine luftige Alternative zu welchen mit geschlossenem Höschenteil. Was Frau *darunter* trägt, beeinflusst ihre Bewegungen – und nicht selten ihre Wahrnehmung der eigenen Attraktivität. Vergessen Sie das nie!

- **Glanz:** Er macht die Beine optisch voller, ist also gut für sehr schlanke und flache Beine, welche durch die Lichtbrechung mehr Kontur erhalten. Das gilt besonders bei dunklen, blickdichten Modellen. Bei hautfarbigen Strümpfen muss Glanz dezent sein. Als Spielregel gilt: Je kräftiger das Bein, desto dunkler und matter der Strumpf.

- **Muster:** Soll der Strumpf Accessoire oder unsichtbarer Begleiter sein? Gemusterte Strümpfe lenken den Blick des Betrachters immer auf die Beine. Das ist im Geschäftsleben kontraproduktiv, wo es um andere Vorzüge geht.

- **Farbgleichmäßigkeit:** Von manchen Frauen wird das als Qualitätskriterium gesehen. Wenn die Farbe des Strumpfs an der gewölbten Wade und der schmalen Fessel gleich intensiv ist, wirkt das Bein etwas flächiger, der Farbton aber hochwertiger. Bei blickdichten Strümpfen ist das ohnehin gegeben, feine Strümpfe aber modellieren stärker, je dunkler und feiner sie sind, was ja erwünscht sein kann.

- **Farbe und Helligkeit:** Für die Wahl der Farbe ist die Grundsatzfrage entscheidend, ob die Silhouette unterteilt werden oder ein Übergang geschaffen werden soll. Ein schwarzes Kleid mit schwarzen Schuhen, aber hautfarbigen Strümpfen getragen, unterbricht die Gesamterscheinung und macht dadurch kleiner. Hier fehlt der Übergang. Eleganter ist hier ein rauchiger Ton, der nicht so kompakt und schwer wirkt wie ein schwarzer Strumpf zum schwarzen Kleid. Wer also klein ist oder schlanker wirken möchte, setzt eher auf Ton-in-Ton und sanfte Farbübergänge. Zu einem leichten, sommerlichen Stoff in dunkler Farbe lassen sich auch ein moderner nudefarbiger Schuh (zwischen Haut und Hellbraun) und der passende hautfarbige Strumpf kombinieren, was das Bein streckt und größer wirken lässt. Je leichter der getragene Stoff, desto heller darf der Strumpf dazu sein – wenn das Bein es hergibt.

Das Ausbalancieren von Blickdichte, Helligkeit und Glanz gehört zur Kür einer gut angezogenen Frau. Hier zeigt sich der Blick für die gesamte Erscheinung, der nicht nur den Rocksaum sieht und eine Frau zur Lady macht. Hier zeigen sich Selbstreflexion und stilistische Erfahrung. Um diese Erfahrung zu sammeln, sollten Sie sich auf alle Fälle Zeit für die Auswahl des richtigen Strumpfes nehmen – je wichtiger der Anlass, desto mehr: Für Präsentationen, Hochzeiten, Vorträge und ähnliche Gelegenheiten können Sie nicht früh genug anfangen, den richtigen Strumpf zum Ensemble zu suchen. (Sicherlich ist Ihnen schon aufgefallen, dass ich mit „Strumpf" alle Feinstrümpfe von halterlos bis Strumpfhose meine.)

Wenn Sie ein neues Kleid oder Kostüm in einer seltenen Farbe erstanden haben, gehen Sie am besten sofort damit in die nächste gut sortierte Strumpfabteilung. Und wenn Sie eines Tages vor dem perfekten Strumpf für ein bestimmtes Outfit stehen, schauen Sie bitte nicht nach dem Preis: Das eigentliche Qualitätskriterium ist die Auswahl – da die Haltbarkeit bei diesem Produkt ohnehin nicht gewährleistet werden kann. Sie liegt nämlich auch an Ihnen selbst: Die Halbwertzeit eines Strumpfes sinkt parallel mit der Zeit, die Sie sich nehmen, ihn anzuziehen. Feinstrümpfe lieben nämlich Hektik am Morgen genauso wenig wie rissige Fingernägel, gesplitterte Stuhlkanten und Steinchen in den Schuhen. Und für die Maschinenwäsche benutzen Sie bitte immer ein Wäschenetz. Geld lässt sich allerdings sparen, wenn Sie in der Stiefelzeit unter Hosen auf die haltbareren

Stiefelstrümpfe umsteigen, die keine Laufmaschen bekommen.

Der Blick für die gesamte Erscheinung wird übrigens geschärft, wenn Sie sich öfter mal in Ihren Outfits fotografieren und sehen, was ein Beobachter sehen kann. Das klärt vieles. Wer sich mit seiner Garderobe befasst, wird ein paar Standardmodelle und -farben definieren, die zum Bein und den meisten Teilen im Kleiderschrank passen. Diese Stammartikel sind der perfekte Internetkauf!

Erwartungshaltung an Strumpfwaren

- formoptimierte Beine/Beautyaspekt
- Sonderfunktionen wie Stützeffekt, flacher Bauch, nahtfreie Silhouette
- Raffinesse für das gesamte Outfit (abrunden)
- Passform und Länge
- rutschfester Bund bei Herrensocken/-kniestrümpfen
- Hautverträglichkeit und Fußklima

Wilhelm Haböck ist Geschäftsführer für Vertrieb, Marketing und Produktmanagement des Strumpfspezialisten *Kunert,* zu dem auch die Marke *Hudson* gehört. Beide Marken haben sich reellen Preisen bei hochentwickelter Qualität verschrieben.

Herr Haböck, Materialkosten, technische Entwicklung, Sonderfunktionen: Was steckt im Preis von Damenstrümpfen?

W.H.: Durch die verschiedenen Funktionen von Damenstrümpfen schwanken die Materialkosten sehr stark. In
der Regel zwischen 20 Prozent und 40 Prozent. Die Entwicklungskosten kann man mit 10 Prozent beziffern, das
inkludiert auch Tragetests usw. Der Rest entfällt auf Produktionskosten, Verpackungskosten (5–10 Prozent) und
administrative Kosten.

**Was macht die erwähnte „hochentwickelte" Qualität
aus?**
W.H.: In Marktforschungen zeigt sich, dass in unserem
Segment die Passform und die Auswahl die eigentlichen
Qualitätsmaßstäbe sind, da die Haltbarkeit es ja nicht sein
kann. Außerdem sind die Konsistenz des Warenausfalls, die
Elastizität und die Feinheit wichtig.

**Wie finde ich die richtige Beratung, wenn ich den per-
fekten Strumpf zum Repräsentierkleid suche?**
W.H.: Nach unserer Erfahrung immer noch im Fachhandel,
allerdings legen wir großen Wert auf die Informationen auf
unserer Verpackung. Nämlich Kurzinformation inklusive
Den-Zahl auf der Vorderseite und eine Detailbeschreibung
auf der Rückseite. In Zukunft werden wir sie noch mit technischen Daten und Grafiken erweitern, da wir mit Hilfe der
Marktforschung festgestellt haben, dass das Interesse an diesen Daten vorhanden ist. Zusätzlich versucht Kunert, auch
noch mehr Produktinformationen am *Point of Sale*, also dem
Verkaufsort, unterzubringen.

Welche Erfahrungen und Tendenzen gibt es für den Einkauf im Internet?

W.H.: Auf jeden Fall steigt die Bedeutung des Einkaufs im Internet sehr stark, ca. 20 Prozent. Sowohl über klassische Internethändler wie *Amazon* und *Zalando*, als auch über den bestehenden Fachhandel und auch im Multichannelbereich.

Welche Rolle spielt der Nachhaltigkeitsgedanke in der Produktion von Strumpfwaren?

W.H.: Der Nachhaltigkeitsgedanke spielt für uns intern eine große Rolle, zum Beispiel investieren wir in neue Heizanlagen, die Energie sparen. Beim Konsumenten ist diese Rolle allerdings noch überraschend gering bzw. gibt es keine Bereitschaft, dafür mehr zu bezahlen. Beim Einkauf von Baumwolle achten wir darauf, dass diese aus fairem Handel kommt. Es ist wichtig, dass dort auch gut mit den Menschen umgegangen wird. Wir haben auch schon einmal geprüft, die Weichmacher in der Feinstrumpfproduktion wegzulassen, um die Umweltbelastung zu senken – leider fiel das Ergebnis bei den Kundinnen durch.

Nachhaltigkeit ist vernünftiger Umgang mit den Ressourcen in diesem Sinn: Man sollte nur so viel Bäume schlagen, wie auch nachwachsen können.

Für den raffinierten statt protzigen Einsatz von Accessoires und Statussymbolen sollte man sich aus der Perspektive Dritter sehen. Dabei sind die zentralen Fragen: Was kommt beim anderen an? Und wie? Denn mit der Sprache der Symbolik ist es wie mit einem guten Verkauf: nicht das Angebot zählt, sondern das Bedürfnis des Empfängers.

Ich durfte einmal den Geschäftsführer eines Schweizer Nobelgeschäftes für Uhren und Schmuck beim Einkauf auf der Messe *Baselworld* begleiten. Er trug einen kleinen Koffer bei sich, aus dem er für den Besuch jedes Messestandes die dazugehörige Uhr zauberte, die er anzog. Eine *Cartier* bei *Cartier*, die *Rolex* am dortigen Stand, die *Breguet* an dem des damals noch lebenden Uhrenunternehmers Nicolas Hayek, zu dem außer *Swatch* auch diese Marke gehörte. Das war Empfängerbezug in voller Konsequenz.

Wenn wir also Brillen, Uhren, Schmuck oder auch Schreibgeräte einsetzen, sollten wir also nicht nur überlegen, was zu uns passt, sondern auch, was der andere darin sieht. Manche Vertriebsleute oder Unternehmensberater fahren beispielsweise in viel zu teuren Autos und sichtbar kostspieligen Uhren bei bodenständigen Kunden vor – und wundern sich, wenn sie dort auf Ablehnung treffen. Die richtige Dosierung verlangt Sensibilität. Entsprechend lautet die **Qualitätsfrage:**

Trotzdem muss – und sollte – sich niemand dafür entschuldigen müssen, der schöne Dinge liebt und sich mit ihnen umgibt. Denn die Sensibilität verlangt nichts weiter als den Verzicht auf Angeberei, der nicht schwerfällt, wenn man anderen Menschen grundsätzlich auf Augenhöhe begegnet – egal, wie viel oder wenig sie besitzen.

Um Produktqualität bei Uhren und Schmuck zu erkennen, ist der genaue Blick ein guter Wegweiser, wenn es sein muss mit einer Lupe. Dabei muss handwerkliche Güte nicht protzig aussehen, im Gegenteil. Zeitlos-schöne Stücke sind überdies perfekte Secondhand-Käufe, und auch das Gewicht vermittelt Wertigkeit. Auch edle Schreibgeräte signalisieren Wertebewusstsein und sollten von der Ergonomie und Federbreite zu Ihrer Handhaltung und persönlichen Schrift passen. Bitte achten Sie aber darauf, dass Sie – wenn Sie beides verwenden – einer Linie und Metallfarbe treu bleiben, also nicht versehentlich ornamentales mit sachlichem Design mixen oder Gold mit Silber (es sei denn, Sie ziehen den Stil-Mix überall durch).

Besonders der Kauf einer Brille verlangt Sorgfalt in der Auswahl und sollte neben dem Aussehen auch dem Sehen gerecht werden: Die Aufnahme der individuellen Daten und die Kontrolle der Einstellungen kann nur ein Fachmann leisten. All diese Parameter: Qualität, Gewicht und Ergonomie sowie die fachliche (optometrische) Beratung lassen sich im „www." nicht herausfinden oder bekommen – schon gar nicht, wenn wir auf das Gesamtbild der Erscheinung und unser Image Wert legen. „Maß" ist immer eine Sache von Person zu Person, und was kann noch mehr Maßarbeit sein als die maßgeschliffene Brille?

Das Internet ist aber unschätzbar für den, der zum Beispiel im Uhrenkauf auf die Marke (und die Geldanlage) setzt und spezielle Modelle mit limitierter Auflage „jagt", bis er sie besitzt. Da geht es eher um den virtuellen Produktwert als den materiellen. Das aber ist ein eigener Markt, welcher mit der erkennbaren Verarbeitung nichts zu tun hat.

Lieblingsstrümpfe sind dafür ein Artikel, für den niemand mehr das Haus verlassen muss – es sei denn, Sie suchen etwas Neues, Anderes, Besonderes. Dann rutschen Passform und Style wieder auf die Top-Liste beim Einkauf.

14 Schuhe

Das Gute gleich zu Beginn: Sie können die Rentabilität Ihrer Schuh-Ausgaben selbst steuern, indem Sie Schuhe aussuchen, die Ihnen passen – sofern es Ihnen darauf ankommt. Ein bequemer Schuh dividiert sich durch die höhere Anzahl der Gelegenheiten, zu denen Sie ihn tragen, auf einen viel geringen Betrag pro Einsatz herunter, während die „Schrankleiche" außer Kosten und Schmerzen nicht viel bringt. Das klingt banal – aber wie so oft kommt die Qualität des Produktes auch hier erst durch die richtige Auswahl und Anwendung buchstäblich zum Tragen.

Denn auch beim Schuhwerk ist die Passform das A und O. Der *Fußreport* der *Initiative passender Schuh* bezieht sich auf eine Fußmess-Studie des Prüf- und Forschungsinstituts e.V. (PFI), welche belegt, dass 82 Prozent der Deutschen Schuhe tragen, die zu lang, zu kurz, zu weit oder zu schmal sind. Ein modischer oder zumindest dem Standard angepasster Look kommt offenbar noch immer *vor* der bewussten Auswahl für das eigene Wohlbefinden; und das im Selfie-Zeitalter, wo das Ego regiert. Aber nicht umsonst werden Schuhverkäuferinnen im Handel immer jünger, immer hübscher, immer weniger ausgebildet und unterliegen einer hohen Fluktuation. Die Mode hat die Qualität gerade im Fach „Schuh" schon längst überholt.

Die Parameter für einen gut sitzenden Schuh – und wir reden hier nicht von unattraktiven Gesundheitsmodellen der 80er Jahre – sind:

- die Länge hat eine Zugabe zur nackten Fußlänge, weil sich der Fuß im Abrollen dehnt,
- die Sohle erlaubt ein Abrollen,
- er gibt Halt an Ferse und der schmalen Fußmitte,
- die Breite entspricht der Fußbreite des Ballens, damit nichts drückt.

Schuhe, die diese Punkte erfüllen, dürfen sogar höhere Absätze haben. Achten Sie aber bitte noch darauf, dass Ihre Fußmuskulatur, die ja die Knochen hält, ausreichend trainiert ist. Gerade bei zu „bequem", also zu lang oder breit gewählten Schuhen, krampfen die Zehen, um Halt zu finden. Übrigens ein Fehler, den viele Gesundheitsschuhbefürworter machen: Die Zehen sind gekrümmt und/oder der Fuß breit getreten, weil nichts ihn stützt. Umgekehrt lässt der zu kurze Schuh den Fuß in die Breite- (Hallux-Valgus-)Falle tappen. Mit diesem Anspruch der Passform wird der Schuh definitiv zu einem Produkt, das nicht in den Online-Handel gehört, es sei denn, ein Kunde kennt seine genauen Längen- und Breitenangaben. Auch wenn die Online-Anbieter vehement widersprechen werden, meine Empfehlung lautet: Wenn Sie bei einer Marke ihre persönliche und selbst getestete Wohlfühl-Passform gefunden haben, können Sie auch online bestellen, vorher nicht.

Allein der Begriff „Schuhwerk" orientiert sich am guten alten Handwerk, welches ein Qualitätsbegriff für gut gemachte Produkte auf der Basis eines entsprechenden handwerklichen Könnens ist. Schuhe sind für einen eleganten Gang und damit für eine Ausstrahlung von Vitalität unerlässlich. In meinem Buch „Stilgeheimnisse" habe ich bereits über verschiedene Schuhe zum Stehen, Gehen, Laufen und Gutaussehen für Frauen geschrieben.

Der sogenannte Leisten, eine Art Modellfuß, gibt die Form von Sohle und Schuhoberteil vor, und im Leisten ist auch bereits die Fußproportion definiert, auf welcher Höhe der Fußlänge die breiteste Stelle für den Ballen vorgesehen ist. Manchmal ist der Schuh nicht zu schmal, sondern hat lediglich die Ballenbreite an einer anderen Stelle als der Fuß.

Außerdem muss das Abrollverhalten des Fußes bei den jeweiligen Absatzhöhen je nach Modell berücksichtigt werden. Einen guten Leisten in hoher Passform und Materialqualität zu entwickeln, der sich unter Belastung nicht verzieht, kostet Geld und Zeit und ist damit ein echtes Qualitätskriterium für Schuhe. Wer also billig produzieren will, wird als Erstes an den Entwicklungskosten für den Leisten sparen. Seien Sie also besonders wählerisch in Sachen Passform, Statik und Abrollverhalten.

Am Beginn einer Kaufentscheidung sollten folgende Fragen stehen:

1. Passt und sitzt der Schuh?
2. Habe ich überhaupt Gelegenheiten, ihn zu tragen?
3. Sind Material und Gewicht richtig für meine Absicht?
4. Passt er zu meiner Garderobe – oder muss ich neue Teile anschaffen, um ihn kombinieren zu können?
5. Habe ich darin einen schönen Gang?
6. Fühle ich mich als Person wohl darin?
7. Wie pflege ich den Schuh?

Das Material sollte beim Anprobieren warm werden, erst dann können wir unser Wohlbefinden in einem Schuh „live" einschätzen. Darum sollten Sie die Schuhe Ihrer engeren Wahl im Laden etwa zehn Minuten anbehalten und entsprechend auch Zeit für den Schuheinkauf einplanen.

Im Geschäftsleben wird Stil verlangt – und Stil ist die Summe vieler durchdachter Details. Durchdacht ist der Schuhkauf, wenn er diese Kriterien erfüllt, das Modell mit der Garderobe voll kompatibel ist und sich auch am Tagesende noch gut anfühlt. Schuhe, die man als Erstes beim Betreten der Wohnung wegen Schmerzen – und nicht nur aus hygienischen Gründen – ausziehen muss, sind die falsche Wahl.

Ein extraweiches Innenleder, besonders weiche Vorder- und Fersenkappen und – bei vielen Modellen – ein orthopädisches Fußbett mit gepolsterter Fuß- und Gelenkstütze sowie Fersendämpfung sind übrigens Eigenschaften, die wir bei Tanzschuhen finden. Da der Absatz perfekt unter

dem Körpergewicht platziert ist, hat Frau darin einen siche-
ren Stand und eine gute, souveräne Körperhaltung. Diese
Abstimmung von Schuh und Absatzhöhe, die einen guten
Auftritt erlauben muss, nennt man auch „Sprengung". Sie
gehört zur beschriebenen aufwändigen Entwicklung des
Leistens dazu. Der schöne Gang in High Heels hat neben
der nötigen Übung übrigens maßgeblich damit zu tun, ob
der Schuh an der Ferse gut sitzt und Halt bietet.

Als Schuh am Abend haben die erwähnten Tanzschuhe
sogar eine Art Akkueffekt, der einem auch nach einem har-
ten Tag wieder Energie und Motivation gibt. Businesstaug-
lich sind sie bisher nur deshalb nicht, weil die durchlässige
Chromledersohle für die Straße nicht geeignet ist und sofort
aufweichen würde, wenn sie mit Feuchtigkeit wie Regen in
Berührung kommt. Als Indoor-Schuh ist das aber eine ele-
gante, bequeme und ergonomische Lösung, die noch dazu
mit überschaubaren Kosten verbunden ist. Verhandeln fällt
eben leichter und Erfolge sind einfach schöner, wenn die
Füße dabei nicht schmerzen!

Für Schuhe werden überwiegend Lederstücke vom Rind
oder (weichere) vom Kalb eingesetzt. Wild- oder Velour-
lederschuhe tragen die aufgeraute Innen- (Fleisch-)Seite
des Leders nach außen und sind entsprechend softer in der
Optik und empfindlicher. Hierfür gibt es eigene Schuh-
pflegemittel.

Ein Wort zur Schuhpflege: Durch die fachmännische Behandlung bekommt das *Stiefkind Stiefel* einen Ausdruck, den nur ein getragener und gepflegter Lederschuh haben kann. Sein Glanz überträgt sich auf die gesamte Erscheinung, hebt auch das Selbstbewusstsein und beschwingt den Gang.

In Deutschland ist Schuhpflege eher eine trübe Angelegenheit, die selten für den Besitzer des Schuhwerks spricht. Das wird im Kontrast zu anderen Ländern, in denen es selbstverständlicher Teil der Kleiderkultur ist, überdeutlich. In Istanbul zum Beispiel gehören Schuhputzer zum Straßenbild. Was damit auch klar wird: Mit Synthetikschuhen ist da nichts zu machen in Sachen Stiefel-Würde. Statt „Statement-Pieces", also auffällige Schmuckteile oder Accessoires, zu kaufen, sollte mancher vielleicht einfach nur seine Schuhe fachmännisch reinigen oder reinigen lassen. So schreibt auch *Shoe Shine Coach* Torsten Dickmann: „Die Pflege hochwertigen Schuhwerks ist Vertrauenssache. Schließlich ist gepflegtes Schuhwerk ein Statement. Ein Bekenntnis zu Achtsamkeit und Lust am Werterhalt."

Zweitbesitz, also Schuhe aus zweiter Hand, sind für viele von uns undenkbar – schon allein, weil der Schuh ganz auf Gang, Statik und Abrollverhalten des Erstbesitzers eingetragen ist. Ein Schuh erzählt schließlich eine Geschichte über seinen Träger.

Die Art seiner Falten verrät zum Beispiel einen Spreiz-,
Knick- oder Senkfuß und macht Belastungsgewohnheiten
sichtbar, etwa, ob ein Schuhträger mehr auf dem Vorderfuß
oder mit Betonung des Hackens geht. Aus hygienischen
Gründen sollten Secondhand-Schuhe gründlich gereinigt
und desinfiziert sein: Einige Schuhmacher oder Orthopädie-
geschäfte haben noch Automaten, die durch den Austausch
von Silber-Ionen reinigen. Sonst gibt es Desinfektionssprays
im Fachhandel. Genauso nachhaltig – und vom Gedanken
her sympathischer als der Erwerb gebrauchter Schuhe – ist
es, hochwertige eigene Schuhe gut zu behandeln und entsprechend lange zu tragen. Leder ist ein atmendes Material,
eine Haut, die zwischendurch ruhen möchte. Deshalb tragen Sie Ihre Lieblingsschuhe nur maximal jeden zweiten
Tag und lassen sie dazwischen auf Schuhspannern möglichst
aus atmungsaktivem Holz, welche für Belüftung sorgen,
ruhen. Außerdem will Leder nach Bedarf von Staub befreit
und durch passende Pflege geschmeidig gehalten werden.

Ein so gepflegter Schuh kann nach ein paar Jahren sogar ein
zweites Leben bekommen: Nach Einschätzung eines Schuh-
machermeisters kann eine professionelle Überarbeitung
abgetragenes, aber grundsätzlich gepflegtes Schuhwerk so
neu aussehen lassen „wie vier Wochen nach dem Kauf".

Erwartungshaltung an Schuhe

- Status (insbesondere Männer im Business)
- modische/zeitgemäße Aussage
- ein elastischer Gang
- Tragekomfort und Halt
- Temperaturklima
- Pflegeeigenschaften

Außerdem spielt der Einsatz der besten technischen Möglichkeiten für eine umweltverträgliche Produktion für immer mehr Verbraucher eine Rolle. Mehr dazu auch im nächsten Kapitel über Taschen. An dieser Stelle noch ein paar Hinweise für den Kauf von Gürteln, die ja auch meist aus Leder sind: Die Erscheinung wirkt geschlossener und stimmig, wenn Schuhe und Gürtel aufeinander abgestimmt (nicht zwingend identisch in der Farbe) sind. Eine geringere Gürtellänge rechtfertigt auch hellere Nuancen, zum Beispiel sieht es schön aus, eine mit hellem Kontrastgarn abgestimmte Jeans mit einem helleren Ledergürtel in einem ähnlichen Ton zu kombinieren.

Der Gürtel sollte immer lang genug sein, dass man ihn niemals im äußersten Loch schließen muss, sondern besser im zweiten von innen, also der zweitengsten Einstellung. Das suggeriert, dass man schlanker ist. Stilvoll ist es auch, wenn das Metall der Schnalle in Farbe, Glanz (matt, satiniert oder glänzend) und Form (abgerundet oder eckig) zum übrigen Styling und zur Körperlinie passt. Zu einem gerade gebauten, markanten Körperbau passen eckige Schließen einfach

besser, zu einer geschwungenen Körperlinie weiche Formen.

Zurück zu den Schuhen: Was sind qualitative Kriterien, die einen Schuh von der Verarbeitung her „gut" machen? Antworten darauf findet man am besten in einer Produktion für Herrenschuhe. „Ein Meister, der sie fertigt. Ein Kenner, der sie trägt." So der Leitspruch meines Interviewpartners über Qualität von Schuhen. Hermann Hoste ist mit 48 Jahren Berufserfahrung im Vertrieb von Damen-, Herren- und Kinderschuhen eine echte Koryphäe der Schuhbranche. Heute ist er Berater der *Heinrich Dinkelacker Manufaktur,* die feinste Budapester Herrenschuhe in Handarbeit fertigen lässt. Modelle aus so einer Produktion sind keine Verschleiß- und schon gar keine Modeartikel, sondern eine Grundhaltung. Die Qualität trifft eine Aussage über seinen Träger – ein Anspruch, den schon der Leitspruch formuliert.

Herr Hoste, welchen Anteil hat der Warenwert am Preis eines Schuhs?
H.H.: Auch beim Schuh fängt alles bei der Entwicklung und beim Design an. Wie aufwendig ein Modell zu produzieren ist, welche Details und Verzierungen es hat, wirkt sich natürlich auf den Preis aus. Daher werden Designer gerne von der kaufmännischen Seite gebremst.

Dann ist natürlich das Material bzw. die Lederqualität grundlegend für den Herstellungspreis. Es gibt Schuhtypen, z.B. Sneaker, für die Synthetikmaterialien hervorragend geeignet sind. Aber gehen wir mal vom Leder aus, denn für das Tragen über viele Stunden gibt es keine Alternative: Dann wirken sich auch Größe und die Partie des Leders aus, weil sie den Verschnitt (also die Menge der unbrauchbaren Reste) beeinflussen.

Geschnitten wird aus dem Kernstück des Fells, die Seitenteile – die sogenannten Flanken – eignen sich nur für kleinteilige Schuhe wie zum Beispiel Sandalen. Im Vergleich zwischen Leder und Synthetiks sollte man außerdem wissen, dass Leder einzeln gestanzt werden muss, während sich synthetische Materialien in mehreren Lagen übereinander maschinell zuschneiden lassen. Das erhöht die Effizienz. Damit ist ein Lederschuh automatisch nicht nur vom Grundmaterial, sondern auch vom Verfahren her wertvoller.

Wie und woran kann ich Qualität erkennen?
H.H.: Das ist über die Optik nicht zu beantworten. Man muss anprobieren und ein Gefühl für den Schuh bekommen, das Wohlbefinden – also die Passform – gibt den eigentlichen Ausschlag. Beim Hineinschlüpfen in einen geschlossenen Schuh sollte ein puffendes Geräusch durch das Entweichen der Luft entstehen bzw. spürbar sein. Wenn es ausbleibt, ist der Schuh entweder zu groß oder weit oder aber zu klein.

Die Verarbeitung der Nähte selbst ist bei Schuhen ein eher untergeordnetes Kriterium, denn wir gehen davon aus, dass Nähte halten, wenn das Garn richtig ausgewählt wurde.

Bei uns gibt es für jedes neue Modell einen Vorläufer, die sogenannte „Nullserie", die durch alle Größen gefertigt und von kritischen Trägern probegetragen wird. Dadurch kennen wir unsere Modelle genau. Da die Passform das A und O beim Schuh ist, ist es für Hersteller ratsam, bei einem erprobten Leisten im Sinne der Markenpflege auch einmal zu bleiben und nicht immer damit herumzuspielen. „Schuster, bleib bei Deinem Leisten" hat Berechtigung, wenn es um kontinuierliche Qualität geht. Nur so kann ein Kunde „seine" Marke finden, in der er sich wohlfühlt.

Lassen sich diese Qualitätsmaßstäbe auch auf modische Damenschuhe übertragen? Worauf sollten Frauen besonders achten?
H.H.: Diese Qualitätsmerkmale bei der Anprobe lassen sich auf geschlossene Damenschuhe sehr gut übertragen, nicht aber auf Mokassins oder Sandalen.

Was kennzeichnet eine gute Schuhberatung?
H.H.: In der Ausbildung steht die Schuhverkäuferin bei uns noch hinter der Lebensmittelverkäuferin – leider. Dabei ist ihr oft über Jahre selbst erworbenes Wissen Gold wert: Sie kennt die unterschiedlichen Materialien und ihre Vorzüge, hat sich mit Fußanatomie befasst und kann entsprechend auch hinsichtlich der Passform beraten. Den Trick mit dem Geräusch des Luftentweichens sollte sie (oder er!) kennen. Ein guter Schuhberater kennt aber auch die verschiedenen Grund-Macharten von Mokassin über die geklebte Ago-Machart oder die angespritzte Sohle, die wir bei Wander-

schuhen oder preisgünstigen Herren- oder Kinderschuhen finden, bis hin zu Rahmengenähten oder Werken aus Handarbeit wie bei uns. Manchmal gehe ich in einen Schuhladen und frage nach einem rahmengenähten Modell – und die Verkäuferin weiß überhaupt nicht, wovon ich spreche. Das ist erschreckend.

Der Internetverkauf ist aber nur dann eine Alternative, wenn man seine Marke und Größe gut kennt. Dann kann man bequem im Internet einkaufen. Das spricht sehr für die Markentreue. Wo das nicht der Fall ist, kann die Retourenquote durchaus auch mal über 50 Prozent steigen, das liegt wesentlich über der von Textilien.

Welche Schuhe finden Männer an einem Frauenbein – Ihrer Meinung nach – am besten?
H.H.: Nach wie vor ist es der hochgesprengte Pumps, also der High Heel, wo Männer immer wieder hinschauen, das kann man nicht leugnen. Aber die Frau sollte damit laufen können.

15 Taschen und Aktentaschen

Heute ist das Alter einer Frau daran zu erkennen, wie sie die Handtasche trägt. Während sie die junge Generation in „Posh"-Manier mit dem Henkel über dem nach oben angewinkelten Arm trägt, wird der unverzichtbare Begleiter einer Frau von der älteren Generation meist geschultert.

Die Grundsatzfrage „Leder oder nicht" muss jeder für sich beantworten, weil so viele Überlegungen damit verbunden sind. Mancher lehnt das Töten von Tieren grundsätzlich ab und wird neben dem Konsum von Fleisch konsequenterweise auch auf Lederwaren verzichten, was bei Schuhen allerdings schwerfallen dürfte. Der nächste möchte das Töten von Krokodilen oder Schlangen „nur um des Leders willen" nicht unterstützen, hat aber kein Problem mit der Weiterverwendung von Kuhfellen, die aus der Schlachtung für den Fleischmarkt abfallen. Der dritte fragt sich allenfalls, warum die Felle in China verarbeitet werden müssen – wenn es doch die meisten Kühe in Nordeuropa gibt?

Für die Wahl des Ursprungslandes von Lederwaren spielt sicherlich auch die Überlegung eine Rolle, unter welchen Bedingungen in welchem Land gegerbt wird. Denn wo der Arbeitsschutz groß geschrieben wird, gehören Abscheidanlagen für die Abfallstoffe des Gerbens dazu – und die kosten Geld. Um diese Kosten zu sparen, wurde der Gerberprozess in den letzten Jahrzehnten vielfach in andere Länder verlegt, in denen die Leute „barfuß in der giftigen Gerbbrühe" stehen, wie in Medienberichten plastisch geschildert wird. Auch damit leben wir auf Kosten anderer. Weltweit gibt es übrigens inzwischen nur noch drei Schulen für das Gerberhandwerk.

Der Ruf nach ökologischem Ursprung und Fair Trade wird immer lauter, insbesondere in der Modebranche – dabei würde es schon viel bringen, Abfallprodukte aus Produktionsprozessen sauber zu entsorgen und die technischen Möglichkeiten einfach anzuwenden, statt zu umgehen. Auch ohne Bio-Label. Der radikale Tierschützer wiederum muss sich um die Gerbbrühe weniger Gedanken machen — dafür aber um die Abfallstoffe aus der Herstellung synthetischer Materialien und die unterschiedliche Lebensdauer eines Schuhs aus Leder und einem anderen, der schnell kaputtgeht, öfter ersetzt werden muss und allein deshalb vergleichsweise mehr Abfallstoffe produziert.

Noch etwas anderes unterscheidet die Generationen und die Geister: Die notwendige Information, Qualität einschätzen zu können. Auch manche Prominente wollen kein „Laufsteg der Marken" mehr sein, weil sie verstanden haben, dass *die Marke* kein Qualitätskriterium mehr ist. Es ist schon vorgekommen, dass Farbe abplatzte, obwohl die It-Bag in der Nobelboutique einen vierstelligen Betrag gekostet hat.

Und während ältere Verbraucher Qualitätsmaßstäbe noch mitbekommen haben, fehlen sie in der jugendlichen Altersgruppe weitgehend. Bei der Handtasche spalten sich die weiblichen Kunden in vier (oder mehr) Lager mit entsprechenden Ansprüchen an die Produktqualität.

- Die Trendorientierten, die immer das Neueste suchen, die sogenannte It-Bag. Die künstlich *gepushte* Begehrlichkeit des Artikels lässt die Verarbeitungsqualität hinter seiner Aktualität zurückstehen und macht blind für

Fragen nach der Herkunft der Ware, die hier keine Rolle
spielt.

- Die Stilorientierten, die zu verschiedenen selbst zusam-
mengestellten Looks jeweils die ideale Handtasche haben
und in der Regel viele Modelle besitzen. Hier treffen
Vielfalt und Treue aufeinander, und die Qualität ist je
nach Budget durchaus relevant. Die Optik wird meist
stärker bewertet als die Herkunft der Tasche.

- Die Treuen, die meistens je eine Sommer- und Winter-
handtasche besitzen und diese manchmal jahrelang tragen. Die hohe Identifikation mit dem Produkt und die
lange Lebensdauer bringt ein hohes Interesse an allen
Produktkomponenten mit. Der Qualitätsanspruch steht
hier an oberster Stelle.

- Die Verweigerer, also Frauen, die aus Unsicherheit lieber
Rucksack oder Parka-Taschen nutzen und Handtaschen
nichts abgewinnen können.

Es ist übrigens schön, wenn das Leder der Handtasche –
geschmeidig oder eckig verarbeitet – mit dem Körper und
seinen Bewegungen harmoniert. Solche Details in der stilistischen Auswahl machen den Auftritt schön.

Wie bekomme ich als Kunde nun die beste Qualitätsleis-
tung für mein Bedürfnis?

Erwartungshaltung an Taschen

- modische Aussage
- Inneneinrichtung
- ein fussel-abweisendes Innenfutter
- Füllmenge
- Verarbeitung
- faire Produktion

Das Interview über Lederwaren habe ich mit Dirk Römer, *Hanford & Römer,* geführt, der feine Lederwaren von Hand in Deutschland produziert und besonderen Wert auf ebenfalls deutsche Zulieferprodukte legt. Auch der Gerbprozess wird unter deutschen Umweltauflagen in Deutschland ausgeführt, und seine Unikate sind wahre Trüffel unter den Taschen. Seine Herstellung *Made in Germany* verwendet hauptsächlich deutsche Produktanteile.

In diesem Punkt biete die Gesetzgebung, so findet er, noch zu viele Lücken, die es erlauben würden, dass Produkte aus weitgehend ausländischer Produktion als deutsche Waren deklariert werden. Seiner Meinung nach werden damit wirtschaftliche Interessen gefördert, die zu Lasten des kleineren Mittelstands und auch des Verbrauchers gehen. Das schade Europa.

Herr Römer, was ist im Preis einer Tasche enthalten?
D.R.: Der Warenwert einer Tasche wird vor allem durch die Verarbeitungsqualität bestimmt. Dies setzt voraus, dass professionelle Täschnerarbeit geleistet wird.

Der Herstellungsort ist natürlich auch ein Preisfaktor. Wird
z.B. in Deutschland gefertigt, bestimmen die Arbeitslöhne
einen Teil des Preises. Würden im Ausland, vor allem jedoch
in Asien, die gleichen Modalitäten bezüglich Arbeitsschutz-
maßnahmen, Entlohnung, Krankenversicherung etc. wie in
Deutschland gelten, wären die Fertigungspreise gleichzu-
setzen.

Die Materialien wie Leder (auch hier sind Herkunft und
Verarbeitung ein wichtiger Faktor), Futterstoffe, Furnituren und der Aufwand, mit der eine Tasche gefertigt wird,
sind der dritte Preisfaktor. Eine Tasche aus Einzelanfer-
tigung per Hand ist im Endpreis genauso teuer wie eine
der gehobenen Marken – nur steckt hier der größte Teil
des Preises in der Produktqualität, und es ist ein Einzelteil,
keine Massenware.

Durch die Auslagerung der Produktionen ins Ausland ist
für viele Hersteller zwar der Herstellungspreis niedriger,
aber die Transportkosten sind höher und der Warenausfall,
also die Qualität, oft schlechter. Viele Firmen kämpfen mit
Reklamationen und könnten sich heute „in den Bauch bei-
ßen", dass sie vor 15, 20 Jahren ausgelagert haben. Heute
finden sie in Deutschland kein Fachpersonal mehr, dass
diese Qualität gewährleistet. In der Lederwarenindustrie
haben in den 60er Jahren in Deutschland noch über 60.000
Menschen gearbeitet, heute sind es nur noch eine Handvoll.

D.R.: Ob eine Tasche immer aus Leder sein muss, ist Entscheidung des Kunden und damit Geschmacksache. Wenn ich entscheiden würde, dann ist Leder auf jeden Fall das schönere Material. Es spricht für Langlebigkeit und ist ein sinnliches, natürliches Material. Eine gute Ledertasche hält ein Leben lang und ist daher besser für die Umwelt als ein vergänglicher Artikel.

Woran kann ich als Laie ein gutes Lederimitat von echtem Leder unterscheiden?

D.R.: Leder und Kunstleder unterscheiden sich in der Oberflächenbeschaffenheit, Haptik und Materialstärke. Ein gutes Leder sollte eine gut sichtbare Narbung haben. Leder ist auf jeden Fall schwerer als Kunstleder und weicher im Griff. Eine weitere Möglichkeit ist es, an dem Produkt zu riechen. Auch ein Zertifikat ist ein guter Hinweis, wird jedoch wohl nur bei hochwertigen Produkten zu finden sein.

Wie und woran kann ich Qualität erkennen?

D.R.: Der ganze Mainstream verdirbt die Qualität. Was ich in den Händen habe, kann ich eindeutig an der Verarbeitung erkennen. Als guter Indikator gelten eingeschlagene Kanten, gerade Nähte, hochwertige Reißverschlüsse und Furnituren wie Karabiner, Verschlüsse usw. Auch am Futterstoff ist die Qualität ablesbar. Ein höheres Preisgefüge kann ebenfalls ein Indikator für Qualität sein. Die Frage, die ich mir als Verbraucher immer stellen sollte, ist, wo und wie das Produkt hergestellt wurde.

Ich erkenne zum Beispiel gegerbte Ware daran, dass sie durchgefärbt ist und das Leder innen und außen die gleiche Farbe hat. Gefärbte Waren dagegen erhalten oft nur eine Oberflächenbeschichtung. Außerdem sollte ich auf das Innenfutter achten: Ein Velourfutter sollte sehr kurzgeschoren sein, um nicht jede Fluse und jeden Krümel anzuziehen.

16 Reisegepäck

Reisen und die Welt sehen gehören zu den emotionalsten Momenten im Leben. Reisen bildet. Es erweitert den Horizont und die Persönlichkeit und wird damit Teil des persönlichen Wachstums. Und weil schon die Menschen, mit denen man auf Reisen geht, viel – oft auch beruflich – mit einem zu tun haben, kommt auch dem mitreisenden Koffer eine besondere Rolle zu. Als es noch Postkutschen gab, waren die Kofferdeckel übrigens gerundet, damit der Regen ablaufen konnte, wenn sie auf das Dach geschnallt waren. Erst mit der Bahn als Reisemöglichkeit und der damit verbundenen Notwendigkeit, Gepäck effizienter stapeln zu können, bekamen Koffer ihre spätere eckige Form.

Ich selbst liebe meine große, überhaupt nicht eckige Reisetasche, die seit ewigen Jahren hält und hält und auf dem Gepäckband immer schon von Weitem erkennbar ist, weil außer mir niemand so eine hat. Sie ist genauso leicht und mit Rollen versehen wie viele modernere Geräte, nur hat sie jeder Neuanschaffung unzählige Reisekilometer und persönliche Erlebnisse voraus. Sie kann Geschichten erzählen.

Für viele Reisende ist es frustrierend, am Gepäckband zu stehen und den eigenen Koffer mit einem bunten Bändel umwickeln zu müssen, weil er aussieht wie der von zig anderen, die dem gleichen Trend gefolgt sind. Die Modefarben und neuerdings -muster mancher Ultraleichtkoffer machen zudem ihr Kaufdatum identifizierbar – wer sich auskennt und die Trends verfolgt. Im Zuge der Individualisierung wäre es sicherlich auch eine Idee, das Design eines neuen Koffers über ein „design your personal suitcase"-Tool selbst gestalten zu können und ein individualisiertes Unikat, etwa mit einem persönlichen Urlaubsfoto, ausgeliefert zu bekommen. Laut Rückmeldung meines Gesprächspartners von *Samsonite* geht das bislang nur bei Hartschalen und ist für eine breite Zielgruppe noch nicht marktwirksam umzusetzen.

Gerade bei Produkten aus hochsynthetischen Stoffen stellt sich aber natürlich die Frage der Nachhaltigkeit und Umweltverantwortung. Ein Koffer, der lange hält, schont die Umwelt naturgemäß eher als einer, dessen früher Verschleiß einen baldigen Neukauf verlangt. Oder auch ein secondhand erworbenes Luxusprodukt mit im Stoff eingewebtem Markennamen: Hier sorgt nicht die Herstellung für Nachhaltigkeit, sondern die Wiederverkäuflichkeit. Bei Koffern aus vollsynthetischen Stoffen ist „billig" dagegen die teure Lösung – wenn sie nämlich nicht nur den Geldbeutel durch eine kurze Lebensdauer, sondern auch die Umwelt belasten. Man kann nicht von jedem Reisegepäck erwarten, dass es 16 Jahre hält – wie die erwähnte große

Soft-Reisetasche mit Rollen. Was können wir aber darüber hinaus von einem „guten Koffer" oder von Reisegepäck erwarten?

Erwartungshaltung an Reisegepäck

- Handgepäck: konform mit Größenvorgaben von Fluggesellschaften
- angemessene Haltbarkeit + schöne optische Verarbeitung
- (einbruch-)sicher verschließbar
- ultraleicht
- stoßfest
- hohes Ladevolumen
- mit Rollen
- individuell

Das Gespräch über Reisebegleiter in einer mobilen, immer reiselustigeren Welt habe ich mit Dirk Schmidinger, General Manager bei *Samsonite Deutschland* geführt.

Herr Schmidinger, was steckt im Preis von zeitgemäßem Reisegepäck?
D.S.: Reisegepäck war und ist immer ein überwiegend funktionales Produkt. Und daher ein Zielkauf. Der Verbraucher wird weniger wie bei modischen Artikeln „verführt", sondern er muss anders überzeugt werden, wie Verarbeitung, Preis-Leistungs-Verhältnis etc. Der Preis ist wie bei allen Konsumgütern eine Komponente, die den Preiskäufer vom Qualitätskäufer – aber auch vom Luxuskäufer unterschei-

det. Wir konzentrieren uns eindeutig auf den Qualitätskäufer. Ein großer Reisekoffer von guter Qualität ist heute zwischen 100 und 200 Euro wert. Besondere Verarbeitung und ausgesuchte exklusive Materialien honoriert der Endkunde dabei bis zu 500 Euro im Premiumbereich. Bestimmte Nischen- und Luxusprodukte liegen auch darüber, sind aber in der Verarbeitung und Haltbarkeit mit Sicherheit nicht besser. Ein Bordgepäck zum Beispiel, gefertigt aus einem besonderen Leder, hat seinen individuellen Materialwert und findet immer seine Fans in der Nische.

Wie viele Jahre soll so ein Gepäckstück halten, und wo liegt die Sollbruchstelle?
D.S.: Ein gängiges Material für Weichgepäck ist fast unzerstörbar und hält lange. Lediglich Komponenten wie Räder, Gestänge und Reißverschlüsse werden verschlissen. Bei Markenprodukten kann man oft wie im Automobilbau noch jahrelang die Ersatzteile bekommen und die Lebensdauer verlängern. Kennzeichnend für eine Marke ist ein gut ausgebautes Händler- und Reparaturnetzwerk, das dabei behilflich ist. Reisegepäck wird daher eher oft aus optischen Gründen ausrangiert, oder weil es durch Neuerungen einfach moderner wirkt. Der klassische Koffer hat somit heute ausgedient und wird durch Trolleys auf zwei oder meist vier Rollen ausgetauscht. Ein Hartschalenprodukt hängt von der Kunststoffart ab. Die heutigen Polypropylenprodukte, die wir verwenden, sind äußerst robust und halten ewig wie zum Beispiel ein Koffer aus *Curv*, was ein Verbundstoff aus Polypropylen ist. Uns ist es dabei gelungen, diese immer

leichter zu konstruieren und trotzdem nichts an Haltbarkeit einzubüßen.

Früher hat man als Faustregel gesagt, dass ein Koffer um die sieben Jahre im Verbleib des Besitzers ist. Heute sind es eher drei bis fünf Jahre. Aber durch die Anzahl von Reisen und Einsatzmöglichkeiten, wie Kurzreisen über das Wochenende, Tagesreisen als Business-Trip oder auch klassische Zwei-Wochen-Urlaubsreisen hat sich die Anzahl der Produkte pro Verwender in den vergangenen Jahren deutlich erhöht. Nicht zuletzt auch durch das Aufkommen von Low-Cost-Airlines etc. bedingt.

Wie und woran kann ich Verarbeitungsqualität erkennen?
D.S.: Die Nähte sind immer ein Benchmark, wie am Produkt gearbeitet wurde. Aber auch an der Montage von Komponenten wie zum Beispiel von den Gehäusen der Rollen sieht man, ob es optisch richtig sitzt oder eben nicht. Bei einem Produkt für 70 Euro bei einem Discounter wird das nie einheitlich gelingen. Dazu kann man im Geschäft leicht mehrere Produkte einer Serie einfach mal durchschauen, und schon hat man die Unterschiede erkannt.

Der Tribut an die Leichtigkeit ist die Verwendung von synthetischen Stoffen. Welche Rolle spielt die Nachhaltigkeit in der Herstellung von Reisegepäck?
D.S.: Eine wesentliche Rolle, nicht nur weil der Endverbraucher sich dafür in der jüngeren Vergangenheit inter-

essiert. Es ist eher so zu sehen, dass man sich einigt, als Markenhersteller bestimmte Standards, beispielsweise entsprechend der REACH-Verordnung (Registration, Evaluation, Authorisation and Restriction of Chemicals) der EU, anzubieten und diese zu garantieren. Das erfordert eine Disziplin, die allen gut tut. Zudem werden wir innerhalb der EU zunehmend mehr Standards von Hause aus auferlegt bekommen. Dann kann man es vorab gleich freiwillig machen.

Auf den Gepäckband sehen alle Koffer irgendwie gleich aus. Welche persönlichen Einkaufstipps haben Sie, um individuell zu reisen?

D.S.: Farbe hat auch bei Reisegepäck Einzug gehalten. Da geht es schon bunter zu. Und sollte es immer noch dunkel sein, kann man auch einen bunten Adressanhänger dran machen. Aber es sieht oft gleich aus, weil viele eben mit Discountprodukten reisen. Ein wertiger Koffer, auch wenn er dunkel ist, sticht immer heraus.

Ist der Kauf im Internet genauso gut wie der im Geschäft?

D.S.: Ich würde mich immer im Geschäft   beraten lassen bei Dingen, wo ich unsicher bin. Und Reisegepäck ist kein Standardkauf. Ob der Käufer dann auch die Beratungsleistung honoriert und vor Ort kauft, mag dahin gestellt sein. Mit Sicherheit hat er bei Reparaturfragen und sonstigen Dienstleistungen bei einem deutschen Fachhändler oder einer guten Warenhausabteilung in der Regel sehr gutes

Personal und schnelle Hilfe garantiert. Diesen Wert muss jeder für sich erkennen.

17 Die Qualitätsfrage beim Kauf von Taschen und Lederwaren

Die mit der Fortbewegung verbundenen Accessoires sind ein Statement an sich – egal ob Schuhe oder Koffer. Sie sind die Statussymbole für den genaueren Blick.

Stylish ist nicht, wer den neuesten Schrei spazieren trägt, sondern wer umgedacht hat und seine Sachen pflegt. Ein gut geputzter, hochwertig produzierter Lederschuh beispielsweise signalisiert einerseits den Sinn für Qualität und andererseits die Sorgfalt im Umgang damit. Beides sind sehr begehrte Eigenschaften, die man bei einem Geschäfts- oder Lebenspartner, einer Bewerberin, Chefin oder Kollegin sucht. Der Schuh kann ja trotzdem modisch sein. Denn wir werben ständig für uns, in vielen Momenten unseres Alltags.

Eine gepflegte Erscheinung und ihre „Begleiter" machen also attraktiv und erzählen eine Geschichte über den Menschen. Wer nicht nur das Vordergründige pflegt, vermittelt, dass hinter der Oberfläche einiges zu erwarten ist.

Bei Schuhen ist *Secondhand* definitiv keine Option, weil jeder Fuß das Leder anders einträgt und die Form des Schuhs prägt – ganz abgesehen von der Hygiene. Koffer und

Taschen eignen sich eher für Secondhand. Die **Qualitäts-frage** beim Kauf der Fortbewegungsbegleiter lautet:

Welche Geschichte erzählt das Teil über mich?

In der Anschaffung dieser Waren ist der Schwerpunkt der Auswahlkriterien jeweils anders gelagert: Während beim Kauf von Schuhen die Passform an erster Stelle stehen sollte, suchen Sie als cleverer Konsument den Koffer mit der obersten Priorität einer guten Verarbeitung aus, die Sie auch bei häufigen Reisen und großer Füllmenge nicht im Stich lässt. Hier sind in erster Linie die Nähte, Reißverschlüsse, Rollen und Gehäuse zu beachten.

Bei Handtaschen als Teil des persönlichen Looks ist die Optik vordergründig: Oberfläche, Haptik und Materialstärke – aber auch Verschlüsse, Details und die Verarbeitung sind beim Kauf zu vergleichen. Dabei sollte der Taschentyp einen Bezug zur Körperlinie haben und die Größe zur Gesamtproportion. Das bedeutet, dass Frauen mit einer femininen, weiblichen Figur eher auf weich verarbeitete Materialien in abgerundeten Formen setzen, gerade gebaute auf fester verarbeitete Formate mit eckigen Konturen und entsprechend geformte Schnallen und Schließen. Eine zierliche Frau bevorzugt auch kleinere Handtaschen, eine hochgewachsene großzügige.

Wenn die eher funktionsbezogene Aktentasche und die persönliche Handtasche aus Leder sein sollen, lohnt sich ein

Blick auf die beschriebenen Qualitätsmerkmale der Verarbeitung. Und beide wollen übrigens auch gepflegt werden
– dann ist auch die Geschichte, die sie erzählen, eine gute!

18 Gesichts- und Körperpflege

Die Haut ist unser größtes Organ – nicht nur als Ausschei-
dungsorgan, sondern ganz besonders auch durch die Fähig-
keit, Stoffe aufzunehmen. Die dosierte Gabe von Wirkstoffen durch Pflaster, zum Beispiel als Nikotinpflaster, basiert
auf dieser Eigenschaft. Und auch die gesamte Kosmetik-
industrie baut darauf auf. Hochwirksame Inhaltsstoffe in
wenige und leicht anzuwendende Produkte verpackt: High
Tech für die Haut hat Hochkonjunktur, und der Markt
wächst.

Es gehört zum guten Umgang mit dem eigenen Körper,
einen Moment innezuhalten und zu überlegen, welche
Stoffe man auf diesem Weg in das eigene „System" hinein-
lassen möchte – und wie man mit den öffentlich diskutier-
ten Bedenken für sich persönlich umgehen will.

Ein Beispiel: Es wird ein Zusammenhang zwischen dem
Auftreten von Brustkrebs bei Frauen, der zuerst in der
Achselregion auftritt, und aluminium-haltigen Deodorants
vermutet. Aluminiumsalze haben die Eigenschaft, Poren zu
verdichten und das Schwitzen zu mindern. Der gleiche Stoff
wird bei langfristiger Einnahme, etwa als Mittel gegen Sod-
brennen, übrigens auch mit der Demenzkrankheit Alzhei-
mer in Verbindung gebracht. Jeder Schulmediziner würde

einen kausalen Zusammenhang verneinen, sofern keine umfangreichen Studien dies beweisen.

Der *Industrieverband Körperpflege und Waschmittel e.V.* (IKW) bezieht hierzu öffentlich Stellung und nennt kürzlich erschienene wissenschaftliche Publikationen, die dieses aber widerlegen, zum Beispiel eine Bewertung im April 2014 durch das *Commitee of Consumer Safety* SCCS, den unabhängigen wissenschaftlichen Ausschuss für Verbrauchersicherheit der EU. Ferner bezieht sich der IKW auf Darstellungen der Amerikanischen Krebsgesellschaft (American Cancer Society) sowie das Deutsche Krebsforschungszentrum in Heidelberg, dass es „keinen wissenschaftlich belegbaren Zusammenhang zwischen der Verwendung von Antitranspirantien und einem erhöhten Brustkrebsrisiko gibt."

Und während die Forschung, das Suchen nach Beweisen und die Fernsehberichterstattung darüber im Gange sind, müssen wir Verbraucher für uns selbst die Entscheidung fällen. Solange ein Produkt nämlich Umsätze bringt und nicht verboten ist, wird es auch nicht vom Markt genommen.

Schließlich war, als Antitranspirants in Mode kamen, Aluminium ein unverdächtiger Stoff und seine Wirkung bestechend. Dennoch liegen unser „Warenkorb" und die Verbrauchsmenge letztlich in unserer eigenen Verantwortung.

Es gibt sie nicht, die Wundercreme, die alle Hautschichten durchdringt und Fältchen, Falten und Hautunreinheiten

verhindert, kein Serum, das schlechte Lebensgewohnheiten
unsichtbar macht.

Was bleibt, sind diese Tatsachen: Die Haut hat mehrere Schichten, und eine Creme kann schlichtweg nur die
oberste, die Epidermis, durchdringen. Die darunterliegende
Dermis und Subcutis, in denen sich Fältchen und Falten
manifestieren, bleiben durch genügend Flüssigkeitsauf-
nahme, eine gute Durchblutung und die Bewegung der
Gesichtsmuskulatur fit. Dieser Gedanke führt uns direkt
zur Idee der Gesichtsgymnastik: Die Haut ist fest mit der
Gesichtsmuskulatur verbunden und erschlafft im gleichen
Maß wie die Muskeln darunter. Auch das kann eine Creme
nicht aufhalten, Muskeltraining aber kann es!

Es gibt verschiedene Methoden aus den USA, England und
der Schweiz, die als „Facercise", „Facial Fitness" oder „Facial
Exercises" und „Faceforming" angeboten und teilweise
kontrovers diskutiert werden. In Internetforen wird beispielsweise bemängelt, dass das Training durch bestimmte
„Grimassen" an anderen Stellen Fältchen und Falten sogar
hervorrufen würde, weil jede Kontraktion ein Zusammen-
schieben von Hautpartien mit sich bringt. Schlauer ist am
Ende nur, wer es selbst ausprobiert und die Übungen, die
für ihn funktionieren, in den Alltag einbaut und nahezu
täglich macht.

Würdevolles Altern impliziert eben auch, dass man das, was
man hat, im bestmöglichen Zustand erhält. Denn in einer

Gesellschaft, die so alt wird wie wir, wird es zur Aufgabe, das Altern auf eine moderne Art zu kultivieren. Dabei gilt auch für die Gesichtsgymnastik die Binsenweisheit, dass weniger manchmal mehr ist. Vielleicht findet sich hier der Grund, warum alte Damen früher Dutt getragen haben: Das straffe Zurücknehmen der Haare zieht auch die Gesichtsmuskulatur nach oben außen und glättet damit das Gesicht – wie ein Lifting auch. Aber das ist Spekulation.

Bezüglich der Inhaltsstoffe möchte ich an dieser Stelle auf die Definitionen von Natur- und gängiger Kosmetik eingehen:

Kosmetik beschreibt alle Produkte, die innerhalb der EU-Kosmetikverordnung gesetzlich erlaubt sind und deren Bestandteile vorschriftsmäßig deklariert werden. Sie kann damit ein sehr großes Angebot an Ingredienzien einsetzen. Die *Gesellschaft für angewandte Wirtschaftsethik* (GfaW) bemerkt in einer Infobroschüre über Naturkosmetik, dass mit diesem Handlungsspielraum auch größere Risiken und Konsequenzen verbunden seien, weil viele chemisch-synthetische Verbindungen im Verdacht stünden, gesundheitsgefährdend und umweltschädlich zu sein. Zwar steigt die Zahl der unbedenklichen Stoffe mit der der zugelassenen, wir sollten aber als Verbraucher wach bleiben und unsere persönliche Produktpalette immer mal wieder hinterfragen, besonders, wenn wir Cremes und Lotionen – oder auch Deodorants – über Jahre benutzen. Der Marktanteil der her-

kömmlichen Kosmetik machte laut Angaben der Broschüre
über 85 Prozent im Jahr 2011 aus.

Naturnahe Kosmetik verwendet Inhaltsstoffe auf Pflanzenbasis, verzichtet aber auf die Deklaration zertifizierter Naturkosmetik-Labels und entspricht in ihrer Gesamtrezeptur nicht in allen Punkten den strengen Anforderungen der Naturkosmetik. Der Marktanteil liegt laut GfaW-Broschüre bei über 7 Prozent liegen.

Naturkosmetik hat dezidierten Standards zu entsprechen, die allerdings im europäischen Wirtschaftsraum, der Europäischen Gemeinschaft (EG), noch keine einheitlichen amtlichen Definitionen gefunden haben. Die zitierte Broschüre der GfaW schreibt dazu: „Da die EG-Kosmetik-Verordnung keine konkreten Angaben über Naturkosmetik macht, bleibt es dem freien Markt überlassen, wie er damit umgeht." Der Naturkosmetik-Standard verzichtet in Deutschland seit 1998, in der EU seit 2004 gänzlich auf Tierversuche, es gibt aber noch Länder, in denen Tests an Tieren sogar vorgeschrieben sind. Im Dschungel der weltweiten Einfuhr- und Zolldeklarationen können Tierversuche also auch bei diesen Waren nicht ausgeschlossen werden – es sei denn, die Inhaltsstoffe kommen aus Deutschland. Der Marktanteil von Naturkosmetik wurde für 2011 mit rund 6 Prozent beziffert. Die genannten Marktanteile wurden ebenfalls jener Broschüre der GfaW entnommen, die sich auf das Naturkosmetik-Jahrbuch 2012 des Naturkosmetik-Verlags bezieht.

Die Klassifizierung stützt sich auf folgende Fragen:

- **Pflanzliche Rohstoffe:** Wo und wie wurden sie gewonnen und kommt das Ausgangsmaterial bestenfalls aus zertifiziert ökologischem Anbau (Naturkosmetik)?
- **Tierische Rohstoffe:** Handelt es sich um von Tieren produzierte Ingredienzien wie z.B. Honig oder Milch oder um eine Rohstoffgewinnung nach dem Tod des Tieres wie Nerzöl, tierische Fette und Collagen?
- **Tierversuche:** Ist auszuschließen, dass im Entwicklungsprozess oder aber in der folgenden Serienherstellung Tierversuche eingesetzt wurden?
- **Mineralische Rohstoffe:** Wurden organisch-synthetische Farbstoffe, synthetische Duftstoffe, Silikone, Paraffine und weitere Erdölprodukte verwendet? Naturkosmetik verzichtet zum Beispiel darauf.
- **Herstellungsprozesse:** In der Naturkosmetik sind neben physikalischen auch enzymatische und mikrobiologische Verfahren, wie sie in der Natur vorkommen, üblich und erlaubt.
- **Herstellungsbedingungen:** Anforderungen an Hygiene, Räumlichkeiten, Ausrüstung, Dokumentation, Kontrolle und Weiterbildung der Mitarbeiter sind auch in den GMP, den „Good Manufacturing Practice"-Regeln, für gute Herstellungspraxis geregelt.
- **Konservierung:** Ist sie synthetisch (Kosmetik) oder naturidentisch wie z.B. Salicylsäure?
- **Riechstoffe:** Sind sie synthetisch oder natürliche Riechstoffe nach ISO Norm 9235?
- **Radioaktive Bestrahlung und Gentechnik:** Ist es

möglich oder auszuschließen, dass ionisierende Strahlen
und Gentechnik eingesetzt wurden?

Ob Bio oder nicht: Auch kosmetische Produkte sind Trends unterworfen, das zeigen schon die verschiedenen Philosophien im Gesichtspflegemarkt von den Hochleistungs-Seren bis zur Exfoliations-Welle, also das mechanische oder chemische Abtragen abgestorbener Hautschüppchen mit dem Ziel, ein feineres Hautbild und eine bessere Aufnahme aufgetragener Wirkstoffe zu erreichen. Die Philosophien wandeln sich eben mit den neuesten Erkenntnissen der Labore. Dabei empfiehlt sich ein kritischer Blick auf jede Neuerung gerade dann, wenn man eigentlich mit seiner Haut zufrieden ist. Und ist sie unruhig, sollten Sie ruhig auch einmal Ihre Ernährungsgewohnheiten und Ihren Stresspegel überprüfen.

Wie der großzügige Umgang mit Cremes und Lotionen generell eine sinnliche Freude sein kann, ist auch das Probieren neuer Texturen für viele von uns lustvoll. Die Experimentierfreude darf nur nicht in einer Kosmetik-Akne enden. Häufiger Wechsel von Kosmetikprodukten – oder das wilde Kombinieren verschiedener Produktserien im Gesicht, die Sie miteinander aufgetragen – irritiert und verhindert, dass systematisch aufeinander abgestimmte Pflegesysteme überhaupt Wirkung entfalten können. Auch bei der Haut ist weniger manchmal mehr. Für die Gesichtshaut lautet die Empfehlung daher: Gewissenhafte Auswahl mit bester Beratung und systematische Pflege nach Anleitung.

Für die Körperpflege: Gut ist, was gut tut und unbedenkliche Ingredienzien hat – viele von uns gehen damit nämlich sehr unkritisch um. Dabei sollten Sie ruhig sensibel für Signale werden. Sie brauchen nicht einmal Listen zu studieren – denn wenn ein Inhaltsstoff in die Diskussion gerät, sorgt schon die Konkurrenz dafür, dass die am Leben bleibt, im Fall der Deodorants zum Beispiel durch deutliche Hinweise „ohne Aluminiumsalze" auf den Verpackungen der Produkte, die darauf verzichten. So etwas ist ein sicheres Indiz dafür, dass es zumindest Verdachtsmomente gibt.

Erwartungshaltung an Gesichts-und Körperpflege

- unbedenkliche Inhaltsstoffe
- ein samtiges Hautgefühl ohne Spannen
- schnelles Einziehen
- angenehme Texturen mit angenehmem Duft
- nicht zu viele Tiegel und Töpfe
- Einfachheit in der Anwendung
- bei Bedarf ein Gefühl von Luxus
- Schutz vor Umwelteinflüssen und Sonneneinstrahlung
- eine funktionierende Konservierung, welche die Haut nicht belastet
- langfristiger Effekt: Die Haut sieht dem Alter entsprechend möglichst jung aus

Inka Bihler-Schwarz ist Pressesprecherin von *Dr. Hauschka,* einer Marke der WALA Heilmittel GmbH. Deren Erfahrung basiert seit über 75 Jahren auf Heilpflanzenwissen und Arzneimittelherstellung. Darüber hinaus geht das Unternehmen das Thema Schönheit ganzheitlich an. So wird zum Beispiel über eigens dafür geschulte Kosmetikerinnen auch die erwähnte Gesichtsgymnastik gelehrt.

Frau Bihler-Schwarz, was erklärt die Preisunterschiede in der Pflegekosmetik?
I.B.-S.: Wir schalten so gut wie keine Anzeigen. Deshalb setzt sich der Preis der Dr. Hauschka Produkte aus folgenden drei Parametern zusammen:

1. Die Summe der Inhaltsstoffe. Wir verwenden Heilpflanzenauszüge, die wir nach eigenen, aufwändigen Verfahren selbst herstellen. Darüber hinaus setzen wir hochwertige pflanzliche Öle und Wachse ein, die dem menschlichen Hautfett sehr ähnlich sind, wie Mandelöl oder Jojobawachs und beispielsweise kein preisgünstiges Sojaöl.

2. Medizinisches Entwicklungs-Know-how. Jedes Produkt wird für individuelle Bedürfnisse entwickelt. So setzen sich beispielsweise unsere fünf Körperlotionen aus ganz unterschiedlichen Inhaltsstoffen zusammen. Entwicklung braucht ihre Zeit. Im Durchschnitt sind das drei Jahre.

3. Unsere Rohstoffe beziehen wir fast ausschließlich aus kontrolliert-biologischem Anbau, möglichst in Demeter-Qualität und aus fairem Handel. Dabei setzen wir auf ökologisch und sozial-ethische Partnerschaften in der ganzen Welt. Das kostbare Öl der Damaszenerrosen beziehen wir unter anderem aus Afghanistan, wo wir in Kooperation mit der Welthungerhilfe rund 800 inzwi-

schen biologisch wirtschaftenden Bauern eine Alternative zum Opiumanbau bieten.

Gibt es gute und schlechte Inhaltsstoffe?

I.B.-S.: Als Hersteller von Natur- und Biokosmetik arbeiten wir selbstverständlich ohne synthetische Duft-, Farb- und Konservierungsstoffe, Mineralöle, Silikone, Paraffine und PEG (den Wirkstoffträger Polyethylenglycol). Zertifizierte Natur- und Biokosmetik greift auf möglichst natürliche Rohstoffe zurück. Die Naturkosmetiklabel *Natrue,* BDIH und *Ecocert* garantieren dem Verbraucher, dass es sich um echte Naturkosmetik handelt, die den strengen Label-Vorgaben entspricht. Durch fairen Handel und die Förderung von sozialen Projekten werden die Lebensbedingungen der Erzeuger verbessert. Der Unterschied liegt darin, ob und welche Inhaltsstoffe in welcher Qualität verwendet werden:

Fette und Wachse: Die Natur stellt eine Vielzahl an Basisfetten und -wachsen wie Jojobaöl, Olivenöl, Mandelöl, Sonnenblumenöl, Sheabutter, Sesamöl, Candelillawachs, Avocadoöl oder Aprikosenkernöl zur Verfügung. Diese pflanzlichen Öle ziehen gut in die Haut ein. Ihre hautpflegende Wirkung ist unbestritten. Jedes Öl bietet eine Vielzahl an Inhaltsstoffen wie Vitaminen, ungesättigten Fettsäuren etc. im natürlichen Verbund. Nicht verwendet werden Rohstoffe auf Mineralölbasis wie Paraffin- und Silikonöle. Sie sind im Vergleich zu pflanzlichen Ölen preisgünstig, duftneutral und unempfindlich gegenüber Sauerstoff. In höheren Konzentrationen decken sie jedoch die

Haut ab, die dann als Atmungsorgan nicht mehr durchläs-
sig genug ist. Aufnahme von Luftfeuchtigkeit oder auch die natürliche Hautausscheidung kann dann nicht mehr richtig funktionieren.

Emulgatoren: Zur Herstellung von Cremes und Lotionen sind Emulgatoren notwendig, um die wässrigen und fettigen Bestandteile dauerhaft zu verbinden. Für Natur- und Biokosmetik werden keine PEG's eingesetzt. Diese sind preisgünstig und einfach in der Verarbeitung. Allerdings stehen sie im Verdacht, die Haut durchlässiger für Schadstoffe zu machen.

Als natürliche Alternative wird für Naturkosmetik oftmals pflanzliches Lecithin verwendet. Vermehrt kommen auch aus Kokosfett und Palmöl gewonnene Glycerin-Fettsäure-Verbindungen zum Einsatz.

Pflanzenauszüge: Wesentliche Bestandteile von Naturkosmetika sind mit Hilfe von Wasser, Alkohol oder Ölen gewonnene Pflanzenauszüge. In der INCI (International Nomemclature Cosmetic Ingredients)-Deklaration auf der Verpackung müssen Pflanzenauszüge mit ihrem lateinischen Pflanzennamen bezeichnet werden (z.B. Calendula Officinalis, Rosa Damascena Extract etc.). Ihre zahlreichen positiven Wirkungen auf die Haut, zum Beispiel in der Wundheilung, sind schon seit langem in der Volksheilkunde bekannt.

Parfümierung: Zur Parfümierung werden in Naturkosmetika ausschließlich natürliche ätherische Öle eingesetzt. Die Gewinnung ist aufwendig und kostenintensiv. Für einen Liter ätherisches Rosenöl werden über 3.000 kg Rosenblätter benötigt. Es handelt sich bei dem echten ätherischen Öl um eine Komposition aus mehr als 500 verschiedenen Verbindungen. Ätherische Öle entfalten vielfältige Wirkungen. Am bekanntesten sind etwa die entspannungsfördernde Wirkung von Lavendelöl oder die anregende Wirkung von ätherischem Rosmarinöl. Wir beschäftigen übrigens einen eigenen Parfümeur, der den Duft jedes einzelnen Präparates individuell komponiert.

Farbstoffe: Ähnlich verhält es sich mit den Farbstoffen. In Naturkosmetika werden ausschließlich Farbstoffe natürlichen Ursprungs verwendet, zum Beispiel verschiedene Eisenoxide oder Titandioxid. Verzichtet wird auf synthetische Farbstoffe wie Azofarben.

Tenside: Für Reinigungsprodukte wie unsere Duschbalsame werden milde, gut verträgliche und gut abbaubare pflanzliche Tenside (z.B. Coco-Glucoside) verwendet, die die Haut nicht austrocknen. Allerdings ist die schäumende Wirkung geringer als bei herkömmlichen Tensiden. Natriumlaurylsulfat kommt bei uns nicht zum Einsatz, ein Stoff, der wegen seines irritativen Potentials inzwischen kritisch gesehen wird.

Konservierungsstoffe: Gemäß den Richtlinien des BDIH und *Natrue* sind einzelne, wenige Konservierungsstoffe auch für Naturkosmetika erlaubt. Wir verzichten vollständig auf deren Zusatz.

Wie pflege ich mich noch verantwortungsvoll, wenn ich nur ein sehr kleines Budget habe?
I.B.-S.: Das Minimum sind ein Produkt für die tensidfreie Reinigung und eine Tagescreme. Falls es das Budget zulässt, nach der Reinigung ein stärkendes Gesichtstonikum auftragen. Falls das Budget dann noch nicht erschöpft ist, noch eine Augencreme.

19 Haarpflege- und Styling

Guter Vertrieb beginnt beim Kundenbedürfnis. Diese Weisheit kommt einem allerdings nicht gerade in den Sinn, wenn man vor einem Regal mit Haarpflegeprodukten in einem der Drogerie-Megastores steht. Da ist alles nach Marken geordnet, nicht nach den Haartypen.

Ich möchte hier grundsätzlich zwischen Haarpflege- und Stylingprodukten und Haarfärbemitteln unterscheiden, welche für mich nicht zur Pflege gehören, sondern wegen mehr oder weniger starkem Einsatz von Oxidationsmitteln, welche die Haarstruktur verändern, eine eigene Kategorie darstellen. Dabei ist Farbe ein starkes Thema:

Es gibt kaum noch weibliche Personen, die dem Grau-Werden ihren Lauf lassen. „Natürlich ergraute Haare sind bei den Frauen weitestgehend verschwunden", findet auch meine Interviewpartnerin, die ich Ihnen später vorstelle.

So starke chemische Eingriffe gehören meines Erachtens in die Hände eines farberfahrenen Friseurs, weil Einwirkzeit, Farbauftrag und -platzierung sowie die Technik Routine und mehr als zwei Hände verlangen. Eine versierte Heimanwenderin mag das natürlich anders sehen, und es gibt einige, die seit Jahren erfolgreich zuhause färben oder bleichen. Moderne Techniken aber kann der Friseur einfach besser: Heute werden Haarfarben nicht mehr einheitlich und monochrom getragen, vielmehr lebt das Thema durch mehr-tonale Schattierungen wie in der Natur auch. Ein natürliches Blond besteht ja auch aus verschiedenen Helligkeitsstufen. Daher werden im Salon oft verschiedene Nuancen aufgetragen, um die Farbveränderung lebendig wirken zu lassen.

Eine missglückte Färbung ist nur auf Kosten der Oberfläche des Haarschafts und mit einem mittelmäßigen Resultat revidierbar. Für Mittelmaß aber ist unser Kopf zu sehr im Blick!

Erst kürzlich saß ich bei einem Businessvortrag hinter einer Managerin, die über ihrem gutsitzenden und sichtbar teuren Nadelstreifenanzug eine braune Fläche aus Haaren trug, die sie zum Zopf gebunden hatte: Das Haar war schon ab der Kopfhaut nicht gekämmt, stumpf in der Ausstrahlung, ungleichmäßig in der Farbe und mit einer Oberflächenstruktur wie Filz. Wenn die Zeit für Pflege nicht reicht, sollte man die Strategie überdenken. Denn auch der von Frauen mit Zeitmangel so geschätzte Zopf wirkt sonst nicht effizient, sondern eher wie eine Verlegenheitslösung. Ein Zopf bei einer erwachsenen Frau sollte übrigens tief gebunden werden und nicht hoch am Hinterkopf, weil der hochgebundene Rattenschwanz die Wirkung eines *kleinen Mädchens* hat.

Eine Frage, die uns als Konsumenten in Sachen Haarpflege immer wieder beschäftigt, ist der Unterschied zwischen Friseurprodukten und welchen aus dem Drogeriemarkt: Darauf gibt es bis jetzt keine allgemeingültige Antwort. Verbrauchertests haben Friseurware gelegentlich schon als „mangelhaft" entlarvt, was aber nicht auf alle Anbieter übertragen werden darf.

Manche argumentieren, dass Shampoos und Packungen vom Friseur eine höhere Konzentration oder „wirksamere" Inhaltsstoffe enthalten würden, zum Beispiel „gute" Silikone, die sich gegenüber minderwertigen besser herauswaschen lassen. Aber konkreter wird bei diesem Thema leider niemand mit seinen Angaben. So habe ich zum Beispiel von einem Friseurprodukthersteller, den ich mit dieser Frage gezielt anschrieb, vorsichtshalber überhaupt keine Antwort erhalten. Und auch Internetforen tauschen fröhlich Produktempfehlungen aus, finden aber keine verlässliche Antwort. Die wichtigste Frage in dieser Entscheidung ist daher: Vertrauen Sie Ihrem Friseur?

Denn zwei Dinge hat der Einkauf beim Fachmann jedem Drogeriemarkt voraus: Die Wahl von luxuriösen Produkten zu luxuriösen Preisen in edler Verpackung, die sich auch im Badezimmer gut machen, ist ein Verwöhn-Moment. Ihr Friseur hat Ihre Haare außerdem in trockenem und nassem Zustand, vor und nach dem Schneiden oder Färben in Händen gehalten und kennt sie sehr genau. Daher kann er Sie auch besser als jeder andere beraten und Ihnen das richtige Produkt für den Pflegebedarf, den Ihr Haar gerade jetzt hat, empfehlen. Das kann saisonal oder situativ unterschiedlich sein, zum Beispiel, wenn die Haare nach einer Färbung oder einem Urlaub mit Sonne und Salzwasser mehr Pflege brauchen. Hüte und Kappen beugen übrigens nicht nur dem Sonnenstich vor.

Mit Friseurprodukten zahlen wir demnach auch die qualifizierte Beratung mit – und die ist es wert, wenn sie das Ergebnis verbessert.

Allerdings setzen wir dabei auch immer friseur-exklusive Waren voraus und reagieren ungehalten, sobald uns das identische Produkt zu einem günstigeren Preis im Internet begegnet. Viele exklusive Marken gehen daher schon gezielt gegen „Preiskannibalismus" vor, um die Exklusivität – und damit die im Preis enthaltene Güte der Beratung – zu wahren.

Der Tipp von den Freunden aus dem Internet ist jedenfalls nur dann gut, wenn der begeisterte Verbraucher die gleiche Haarstruktur, einen vergleichbaren Haarzustand und den gleichen Ergebniswunsch wie Sie hat.

„Clever" ist, wer seinen (Luxus-)Bedürfnissen und denen seines Haares Rechnung trägt. Und auch der Friseur Ihres Vertrauens wird es nicht übel nehmen, wenn Sie ihn fragen, worauf Sie beim Kauf Ihres Shampoos achten sollten – auch wenn Sie nicht auf seine Salonware zurückgreifen wollen. Ein kluger Haarspezialist hat nämlich ein Interesse daran, dass es auf Ihrem Kopf gut aussieht!

Haarpflegeprodukte werden erstens nach dem in der Haarqualität sichtbaren Ergebnis, zweitens nach ihren Inhaltsstoffen entsprechend der Deklaration und drittens nach ihren Beta-Eigenschaften bewertet, denn Konsistenz und Duft sind für viele Menschen ein Kaufreiz. (Haare sind übrigens ein sehr guter Duftträger und eignen sich gut, einen Duft am Abend intensiver zu tragen.)

Das Ergebnis von Haarpflege ist in erster Linie das Resultat der passenden Auswahl: Die Beschaffenheit von Kopfhaut und Haaren sowie ihr Zustand sollten erst einmal richtig eingeschätzt werden, zum Beispiel braucht geschädigtes Haar mehr glättende Stoffe als das trockene Haar, welches nach Feuchtigkeit verlangt. Unsere Sprache ist da ein guter Indikator, nur muss man sich die Mühe machen, diese Begriffe zu differenzieren.

Haar wächst übrigens durchschnittlich 12 cm im Jahr. Schulterlanges Haar hat also (bei einem langen Hals) eine Gesamtlänge von etwa 39 cm – und die Spitzen haben damit gut drei Jahre Haarewaschen, Fönen, Färben, Tönen, Chlor- und Salzwasser und Sonneneinstrahlung mitgemacht. Wer einmal ein Leinenkostüm gesehen hat, dass im Hochsommer im Schaufenster eines Modehauses dekoriert war und massiv an Farbe eingebüßt hat, versteht, was Licht allein bewirken kann. Gerade die Längen wollen daher konsequent gepflegt und die splissanfälligen Spitzen, die auf Schulter und Krägen aufstoßen, regelmäßig geschnitten werden. Aus diesem Grund sprechen manche Friseure auch von „drüber oder drunter", wenn sie für die Mantel- und Kragenzeit im Winter beraten.

Für gepflegtes Haar sollten alle Haartypen von *trocken* (meist ungefärbt, aber feuchtigkeitsarm) über *strapaziert* (durch häufiges Fönen & Stylen) bis zu *gefärbt* oder *geschädigt* und auch *normales Haar* nach jeder Haarwäsche eine Spülung und bei Bedarf eine Extrapflege bekommen und im Sommer mit Spezialprodukten UV-geschützt werden. Nur kurzes, unbehandeltes Haar, das durch die Kopfhaut ausreichend mit Fett versorgt wird, kann darauf verzichten. Für alle anderen gehört es zu den Basics der Pflege im Alltag, damit die Spitzen auch in drei Jahren noch gut aussehen.

Die Konsistenz des Schaums bei Haarshampoos – sahniger, weich und feinporig oder aber luftig mit großen Blasen –

gibt ein Gefühl dafür, wie viel Pflegestoffe oder aber wasch-
aktive Substanzen (Tenside) enthalten sind.

Zuletzt noch ein Wort zu Stylingprodukten: Auch das
bestgepflegte Haar kann, sogar bei stärkerem Haardurch-
messer und einer griffigen Haarstruktur, frisch nach der
Haarwäsche wie „Schäfchenwolle" aussehen, wenn kein Sty-
lingprodukt verwendet wird. Das Haar ist dann flusig und
sogar zu weich. Die Optik der Frisur profitiert sichtlich von
der Benutzung moderner Gel-Wachse, Strukturschäume
etc., die auch nicht klebrig sein müssen – auch bei den Herren!

Die Inhaltsstoffe in der Haarpflege werden wie auch in
der Kosmetik nach der sogenannten und bereits erwähnten
INCI-Nomenklatur, der *International Nomemclature Cosmetic
Ingredients*, angegeben, die auch in den USA sowie in weiteren Ländern Asiens, Südamerikas, Afrikas und in Austra-
lien gesetzlich etabliert ist. Häufig verwendete „Incis", wie
sie in Internetforen genannt werden, sind

- Keratin (Hydrolized Keratin): ein Haar-Baustein, der die
  Struktur verbessert.
- Milchsäure (Lactic Acid), Lecithin oder Urea: sie spenden
  Feuchtigkeit.
- Öle wie Avocado-, Kokosnuss- oder Weizenkeim-Öl: sie
  verringern den Feuchtigkeitsverlust, zum Beispiel durch
  Hitze und UV-Strahlen, und sorgen für Glanz.
- Panthenol: es ist in Vitamin B 5 enthalten und stärkt den
  Haarschaft.

• Proteine (Eiweiß): damit führt man dem Haar seinen Hauptbestandteil wieder zu.

• Polymere: sie geben Volumen und Kraft.

• Seide (Hydrolyzed Silk): sie glättet den Haarschaft und gibt dadurch Glanz.

• Zitronensäure (Citric Acid): sie entfettet und neutralisiert Kalk im Wasser.

Silikone werden oft kritisiert, weil ihre positiven Ergebnisse wie Glanz, Geschmeidigkeit und leichte Kämmbarkeit natürlich auch eine Kehrseite haben: Sie lagern sich am Haarschaft an und beschweren das Haar, was den Volumenwunsch zunichte macht. Wenn sich die Silikone auch nicht mehr herauswaschen lassen, kann es vorkommen, dass Haarumformungen oder Haarfarben schlechter greifen, daher wird hier ein Reinigungsshampoo zur vorherigen Anwendung empfohlen, welches befreit und aufnahmefähig macht. Aber auch Pflegestoffe nimmt das Haar nicht mehr auf, wenn es durch nicht-herauswaschbare Silikone isoliert wird.

Silikon kann auf dem Etikett so gekennzeichnet sein: *Dimethicone, Cyclomethicone, Amodimethicone, Polymethylsiloxan, Substanzen mit der Endung -cone oder -xane, Trideceth-12, Hydroxypropyl, Polysiloxane, Lauryl methicone copolyol Amodimethicone, Cetearyl methicone, Cyclopentasiloxane, Dimethiconol, und Quaternium 80.* Zum Glück schreiben viele Hersteller mittlerweile vorne an prominenter Stelle, wenn Produkte silikonfrei sind – denn niemand möchte sich die chemischen Begriffe wirklich merken. Und da haben wir auch schon eine Schwachstelle der bürokratischen Deklarationspflicht gefunden: Die Bezeichnungen mögen zwar auf den Verpackungen stehen – nur VERstehen tut sie niemand so recht, jedenfalls kein normaler Verbraucher.

Auch in der Haarpflege entscheidet letztlich unsere ganz persönliche Anwenderbewertung: Ein Produkt ist gut, wenn wir damit zufrieden sind, das Haar glänzt und sich „gut benimmt". An „trial and error", dem eigenen Versuch also, kommen wir nicht wirklich vorbei.

Haare sind Symbol von Gesundheit und Vitalität. Für manche von uns haben sie eine Verbindung mit unserem Selbstbewusstsein und Selbstverständnis – wenn man überlegt, wie kreuzunglücklich man nach einem missglückten Friseurbesuch sein kann. Deshalb ist die sorgfältige Auswahl der richtigen Partner in Sachen Haare auch eine Verneigung vor dem eigenen Ego. Und die perfekte Abrundung eines Looks oder Auftritts ist immer noch die Frisur – nicht nur auf dem roten Teppich.

Erwartungshaltung an Haarpflegeprodukte

- Reinigung von Haaren und Kopfhaut
- angenehm griffige und gut kämmbare Haare
- glänzendes Haar nach dem Trocknen
- das individuell erwünschte Volumen
- weitere Effekte wie Glätten oder Locken
- gute Frisierbarkeit

- Spliss verhindern
- Farbschutz
- angenehmer Duft

Carola Wacker-Meister ist Leiterin Communications Deutschland, Österreich und Schweiz bei *Wella,* der Salon Division von *Procter & Gamble.* Das Traditionsunternehmen begann vor über 130 Jahren mit farbechten Perücken und machte sich als Spezialist für professionelle Haarumformung nicht nur mit entsprechenden Produkten, sondern auch mit Dauerwellgeräten einen Namen. Die enge partnerschaftliche Zusammenarbeit mit dem Friseurhandwerk gehört zur Kultur des Unternehmens.

Seit 2003 richtet die Marke mit dem internationalen *Trend Vision Award* den sogenannten „Oskar der Friseure" aus, der weltweite Trends und Tendenzen, internationale Stars des Handwerks, sogenannte *Top-Stylisten*, und den Branchennachwuchs zusammenbringt.

Frau Wacker-Meister, Friseurprodukt oder Drogeriemarktartikel? Was erklärt die enormen Preisunterschiede in der Haarkosmetik?
C. W.-M.: Produkte für den Salon und für den Verkauf im Handel unterscheiden sich in Sortiment, Verpackung und Rezepturen. Friseurexklusive Produkte sind oft Systemprodukte, entwickelt für den Verkauf mit professioneller Beratung und aufeinander aufbauend. Es gibt mehr Spezialprodukte – innovative Stylingspezialisten beispielsweise

werden eher via Salon angeboten – und umfänglichere Sortimente. Auf hochwertige Verpackung, luxuriöse Texturen
und Inhaltsstoffe wird Wert gelegt.

Wobei ganz klar zu sagen ist, dass die im Einzelhandel
angebotenen Markenprodukte, die es ja auch in unterschiedlichen Preiskategorien gibt, gute Qualität bieten. Eine Son-
derstellung hat für mich die Dienstleistung Haarfarbe – die
sehe auch ich ausschließlich beim Friseur. Eben weil es um
eine Dienstleistung geht, nicht nur um ein Produkt. Haarfarben, die wir als natürlich, schön, glamourös empfinden,
sind in den seltensten Fällen mit einer Farbe vom Ansatz zur
Spitze gefärbt – das braucht professionelle Produkte und die
Expertise des Friseurs.

**Gibt es allgemein gute Inhaltsstoffe – und andere, vor
denen man warnen sollte?**
C. W.-M.: Die EU-Kosmetikverordnung gibt strenge
Regeln für die Herstellung und den Vertrieb von Kosmetika vor. Insofern sind alle in Deutschland legal vermarkte-
ten Produkte umfänglich geprüft und für den Verbraucher
sicher. Natürlich gibt es individuelle Unverträglichkei-
ten, das hat aber nichts mit „guten" oder „weniger guten"
Inhaltstoffen zu tun.

**Sollte man wirklich ab und zu das Shampoo wechseln,
damit sich das Haar „gut benimmt" und nicht durch
den Build-up-Effekt von verbleibenden Inhaltsstoffen
beschwert wird?**

C. W.-M.: Das ist, glaube ich, individuell unterschiedlich – ich zum Beispiel tue es nicht, aber ich habe auch „mein" Shampoo gefunden und einen Kurzhaarschnitt. Da es aber gerade bei längeren Haaren durchaus sein kann, dass Haarbedürfnisse variieren, ist dann auch ein Shampoo-Wechsel fällig. Zum Beispiel ein leichtes, wenig pflegendes Shampoo, wenn Griffigkeit zum Stylen oder Hochstecken gefragt ist, oder ein sehr feuchtigkeitsspendendes Produkt bei statischer Aufladung im Winter und die Intensivpflege nach der Haarfarbe.

Spielt Nachhaltigkeit in der Branche eine Rolle?
C. W.-M.: Absolut – im Bewusstsein der Verbraucher ist das ein wichtiger Punkt. Schonende, verträgliche „grüne" Produkte finden ganz klar ihre Abnehmer, es gibt mehr und mehr Konsumenten, die sich bewusst entscheiden wollen. Wir haben zum Beispiel für die Zielgruppe der „Lohas" (engl: Lifestyle of health and sustainability, also ein auf Gesundheit und Nachhaltigkeit ausgerichteter Lebensstil) eine Haarfarbe entwickelt, die das Risiko minimiert, Allergien zu entwickeln. Aus Sicht unserer Wissenschaftler ist das ein Meilenstein in der Farbforschung.

Neben den „grünen" Linien lohnt es sich aber sehr, darüber nachzudenken, wie man die gesamte Produktionskette, auch für das Hauptsortiment, nachhaltig gestalten kann, von Wasserverbrauch, Transport und Verpackungskosten bis hin zur Energiebilanz. Und wir denken natürlich darüber nach, wie wir unseren Kunden, den Friseuren, helfen können, ihren Salonalltag nachhaltig zu gestalten.

Haben Sie einen persönlichen Tipp für unsere Leser?
Ja, aber der ist nicht immer leicht umzusetzen und braucht unter Umständen etwas Zeit: Finden Sie für sich den richtigen Friseur oder die richtige Friseurin.

20 Dekorative Kosmetik (Maquillage)

Das Gespräch über Inhaltsstoffe, das in der großflächigen Anwendung von Körperpflegeprodukten naheliegend ist, bekommt eine andere Anmutung, wenn man sich der dekorativen Kosmetik zuwendet: Lippenstifte, Mascara, Grundierungen und die ganze Palette schöngeistiger Schminkutensilien bekommen von der Verbrauchertest-Berichterstattung sehr schnell den Stempel „bedenkliche Inhaltsstoffe" oder „problematische Pigmente". Und in manchen Momenten entsteht der Eindruck einer Fraktion gegen Produkte und Marken, die sich nur dieser einen Sache verschrieben haben: der Schönheit, der Mode, der Leichtigkeit.

„Da werden manchmal auch Produkte verteufelt, die sehr gut sind", konstatiert auch meine Gesprächspartnerin, die geschäftsführende Direktorin von M·A·C (Make-up Art Cosmetics) Deutschland.

Als Verbraucher können wir grundsätzlich davon ausgehen, dass *gerade* internationale Marken mit großem Namen
nicht nur in der Pflicht der Tradition stehen, sondern überdies weltweit ausliefern und in manchen Ländern noch viel
strengere Auflagen erfüllen als gerade bei uns in Deutschland, Österreich und der Schweiz. Wir sprechen auch von
Produkten, welche die Haut nur sehr kleinflächig (oder so
gut wie nicht) berühren und vom Konsumenten meist häufig gewechselt werden, denn die Texturen und Farben für
unser Gesicht sind für die meisten Frauen eine Spielwiese,
mit den Facetten der eigenen Persönlichkeit zu experimen-
tieren.

Neue Looks sind Ausdruck von Mode und Zeitgeist, ohne
dass Frau gleich die ganze Garderobe auf den Kopf stellen
muss. Und sie sind der kleine Luxus im Alltag: Der sogenannte „Lippenstift-Index" besagt, dass der Lippenstift-
konsum in wirtschaftlich angespannten Zeiten stabil bleibt
oder sogar steigt.

Die Kritiker der Inhaltsstoffe differenzieren immerhin, ob
sie über die Lippen in den Körper gelangen könnten oder an
harmloserer Stelle aufgetragen werden. Ob man etwas verträgt, merkt man bei Make-up ohnehin besonders schnell,
beispielsweise wenn die Augen tränen. Verbraucherschutz
ist gut und wichtig, und der mündige Kunde wird sich
detailliert über Bestandteile informieren, wenn sie für ihn
relevant sind. Stoffe, die bereits in geringer Konzentration
bedenklich sind, dürften ihren Weg in europäische Läden

nicht finden – wenn auch der in Kapitel 18 beschriebene vermutete Zusammenhang von Aluminium in Körperpflegeprodukten und Brustkrebs nachdenklich stimmt.

Auch bei der dekorativen Kosmetik sind die Preisunterschiede immens. Teure Markenprodukte verströmen bei jeder Benutzung das Image des Luxus. Die statusbewusste Kundin mag grundsätzlich darauf Wert legen – insbesondere bei den Artikeln, die sie in der Öffentlichkeit benutzt wie Puderdose oder Lipstick, was allerdings nach Maßstäben des modernen Benehmens ohnehin in die „Restrooms", also die Vorräume der Toilette, gehört. Oder sie platziert sie in ihrem Badezimmer, das auch von Gästen benutzt wird, welche den Markennamen und ihren Anspruch dann beim Händewaschen wahrnehmen (sollen). Aber das ist nur eine Sicht auf die schönen Produkte.

Die andere fokussiert sich auf ein Ergebnis, das die Trägerin von ihrer besten Seite zeigt, Vorzüge betont und nicht zuletzt auch schützt. Ein Tages-Make-up funktioniert so ganz nebenbei als sanfter Lichtfilter, auch wenn das Produkt selbst nicht mit Lichtschutz ausgestattet ist. Die ergebnisorientierte Verbraucherin – denn nur sehr wenige Männer nutzen die Kunst der Maquillage für ihren Auftritt, etwa vor der Kamera und auf der Bühne – hat in der Regel viel ausprobiert und formuliert klare Ansprüche an das, was für sie Qualität bedeutet:

- **Haltbarkeit:** Ein aufgetragenes Produkt soll auch am Abend noch gut aussehen und sollte während des Tages nur geringe Korrekturen wie Nachpudern oder die kleine Korrektur im äußeren Augenwinkel verlangen.

- **Feinheit:** Der Auftrag muss subtil sein und sich gut verblenden (verwischen) lassen, weil ein gutes Make-up ohne harte Linien auskommen sollte.

- **Lebensdauer:** Deko-Kosmetik, wie sie auch heißt, sollte angemessen im Verbrauch sein, gerade wenn es Artikel aus dem Hochpreissegment sind.

- **Farbkontinuität:** Farbgebende Artikel müssen farbecht sein – nicht nur beim Nachkauf der Lieblingsfarbe, sondern auch über mehrere Stunden des Tragens hinweg.

Dass der feine Auftrag und auch die Verbrauchsmenge sehr viel mit dem richtigen Handwerkszeug zu tun haben, lesen Sie im nächsten Kapitel. Da dekorative Kosmetik in sich kompatibel ist, Frau also theoretisch und praktisch jeweils ihre Lieblingsprodukte von verschiedenen Marken kombinieren kann, ist die Produkttreue in diesem Segment eher niedrig, was den Werbedruck erhöht. Es gibt aber Marken, die sich auch ohne Werbung wie von selbst weiterempfehlen. Fragt man die Kundinnen, stehen hier die Qualität nach den oben beschriebenen Kriterien – aber auch eine Nähe zu ihren Bedürfnissen – im Vordergrund. Denn Make-up *heute* ist viel mehr als das Auftragen von trendigen oder typgerechten Farben mit einer möglichst gekonnten Technik: Es bedeutet auch, raffinierte Produkte für sich und das eigene Wohlbefinden einzusetzen, etwa einen Lip-Primer (eine Lippenstift-Basis), der außer höherer Haftbarkeit und einem schönen Glanz auch dafür sorgt, dass sich die Lippen nicht trocken, sondern über viele Stunden weich und ein bisschen sinnlich anfühlen. High-Tech im Dienste der weiblichen Ausstrahlung.

Viele Frauen haben Lust und würden sich auch mehr schminken, wenn sie wüssten, wie! Die Anwendungsberatung ist also ein großer Faktor im Auftreten und Erfolg einer Linie. Dabei hat „die Parfümerieverkäuferin" einen nicht gerade leichten Stand: Die Begeisterung für den Beruf und das Schöne daran führt manchmal dazu, dass wir Endverbraucher die Damen als zu stark und unnatürlich geschminkt empfinden und ihnen nicht zutrauen, uns in einem anderen Stil, der zu uns selbst passt, zu schminken. Dies aber ist Voraussetzung für das Vertrauen, das es braucht, um jemanden an das eigene Gesicht heranzulassen.

In „Stilgeheimnisse" habe ich die Stiltypen beschrieben. Die erste Überlegung bei der Definition ist, ob ich im Umgang mit Stil und Styling eher „natürlich" oder „aufwändig" bin, also eine geringe oder aber hohe Bereitschaft mitbringe, mir Zeit für Styling zu nehmen. Eine sensible und gut geschulte Verkäuferin wird diese Frage allen anderen voranstellen, bevor sie schminkt.

Die Angst davor, „billig" oder angemalt auszusehen, sitzt bei vielen erwachsenen Frauen tief, während junge Mädchen und auch schon Kinder mit dem ganzen Thema heute sehr spielerisch umgehen. Sie lieben den rasant gewachsenen Markt der sehr günstigen Anbieter, die einen fröhlichen Umgang mit Farben möglich machen. Tatsächlich ist Deutschland im Europa-Vergleich (noch) an unterster Stelle der Ausgaben für selektive Kosmetik, deutlich hinter Frankreich, England und der Schweiz beispielsweise. Eine deutsche Frau schminkt sich selten? Das ist schade, denn sie kann vom Zauber gut gemachter Maquillage genauso profitieren wie ihre europäischen Schwestern. Auch eine natürliche Frau mit geringer Stylingtoleranz sieht frischer und modischer aus, wenn sie sich morgens zumindest dezent schminkt – sie muss nur wissen, wie.

Für den erfolgreichen Einkauf von Make-up-Produkten gibt es ein paar Empfehlungen:

- Auf der Suche nach einem neuen Look kleiden Sie sich am besten entsprechend modisch, damit Sie selbst richtig in Stimmung kommen und auch Ihre Beratung nicht Rätselraten muss, auf welches Finish Sie hinauswollen.
- Entscheiden sie sich bei einem Tages-/Business-Make-up, ob Sie Ihre Augen oder die Lippen stärker betonen wollen.
- Beginnen Sie entsprechend mit der Gesichtspartie, die Sie hervorheben wollen, so können sie die jeweils andere dezenter anpassen.
- Auf einem reifen Gesicht mit Erfahrungslinien sind glänzende Produkte um die Augen zu viel, sie betonen die Jahre sogar noch. Ein satinierter Glanz auf den Lippen ist aber vorteilhaft und macht jünger. Generell sollten Menge und Farbauftrag mit zunehmendem Alter feiner und subtiler werden.

- Helle, irisierende Farben heben hervor, dunkle kaschieren. Wenn Sie von sich schon wissen, dass Sie zum Beispiel schmale Lippen haben, ist eine dunkle, matte Farbe nichts für Sie. Dunkle Lippenstifte laufen ohnehin Gefahr, auf wenige Meter Distanz wie ein „Loch im Gesicht" auszusehen.

- Wenn Sie Angst haben, zu „bunt" zu werden, konzentrieren Sie sich auf eine gekonnte Schattierung Ihrer Konturen und reduzieren die Anzahl der Farben und die Menge des Auftrags.

- Farben, die zu den eigenen Farben von Haut – Haaren – Augen passen, wirken weniger überladen und lassen Sie überhaupt besser aussehen. Befassen Sie sich daher mit Ihrem Farbtyp *warm* oder *kalt*.

- Gehen Sie ans Tageslicht, um Farben und ihre Wirkung richtig sehen zu können.

- Informieren Sie sich gelegentlich über neue Techniken. Man darf Ihrem Make-up niemals ansehen, wann Sie jung waren.

Diese Punkte bewahren Sie vor unerwünschten Überraschungen und Fehlkäufen. Denn bei Hygieneartikeln wie dekorativer Kosmetik ist es eine Ehrensache, dass man sie nur aus triftigem Grund reklamiert – etwa, wenn man erst im Heimgebrauch merkt, dass man etwas nicht verträgt. Die Auswahl selbst war Ihre eigene Entscheidung. Von der Produktqualität dürfen Sie dieses erwarten:

Erwartungshaltung an dekorative Kosmetik

- hohe Verträglichkeit, insbesondere um die Augen (Mascaras, Lidschatten)
- unbedenkliche Inhaltsstoffe, insbesondere bei Lippenstiften
- einfaches Auftragen und lange Haltbarkeit tagsüber
- kontrollierbares Auftragen mit wahlweise stärkerer oder schwächerer Farbintensität
- individuell gewünschte Effekte wie etwa Wimpernverlängerung oder -verdichtung
- ein angenehmer Duft/ein guter Geschmack
- gute Handhabung der Verpackung/repräsentative Verpackung
- geringer Verbrauch/hohe Pigmentdichte
- aktuelle Farben und Looks

Im Interview erzählt mir Gabriele Medingdörfer, geschäftsführende Direktorin von M·A·C Cosmetics, dass ihre Marke nicht nur Anwendungsberatung am Stand, sondern auch Schmink-Workshops anbietet und daher besonderen Wert auf die Ausbildung des Personals legt, das außer einem Basistraining immer wieder zu Techniken und Trends geschult wird. Die Investition in die Qualität des Beratungspersonals scheint sich auszuzahlen, denn die Marke wird weiterempfohlen, obwohl sie keine Werbung macht. Die Qualität nach den beschriebenen Maßstäben wird von externen internationalen Visagisten bei Fotoshootings und Modenschauen „on the job" getestet, bevor ein Produkt auf den Markt kommt. Sie berichtet aber auch von anderen Ini-

tiativen, die erwähnt werden sollten: Als Kunde kann man
leere Verpackungen wie Lidschatten- und Puderdosen oder
Lippenstifthüllen der Marke sammeln und bekommt für
sechs retournierte Stück einen Lippenstift geschenkt. Das
Unternehmen hat außerdem einen eigenen *Aids Fund*, mit
dem Organisationen unterstützt werden, die sich im Kampf
gegen HIV/Aids engagieren. Der eingesetzte Jahresbetrag
liegt im oberen sechsstelligen Bereich.

Corporate Responsibility ist ein viel strapazierter Begriff – hier
findet er einfach Anwendung.

Frau Medingdörfer, was erklärt die großen Preisunterschiede in der dekorativen Kosmetik?
G.M.: Es gibt eine Reihe von Gründen für die großen Preisunterschiede in der dekorativen Kosmetik. Viele Unternehmen investieren sehr viel in die Forschung und Entwicklung von Make-up-Produkten. Zum einen werden ständig neue Technologien entwickelt, um zum Beispiel die Haltbarkeit, Deckkraft, Anti-Aging oder sonstige Pflegeeigenschaften von Foundations zu verbessern – oder auch die Farbechtheit von Pudern und Concealern. Andererseits wird viel in Konsumenten- und Trendforschung investiert, um neue Verbraucherwünsche sofort zu erkennen oder vorauszuahnen und sofort in die Produktentwicklung mit einfließen zu lassen. Darüber hinaus entwickeln manche Make-up-Marken immer wieder Trends und Produkte mit bekannten Persönlichkeiten aus Mode, Film, Musik oder Kunst, was natürlich Investitionen erfordert. Schließlich ist es auch noch eine

Frage der Unternehmensgröße, ob eine Marke kostengünstiger als eine andere produzieren kann und diesen Preisvorteil an den Kunden weitergibt.

Wenn Sie Qualität auf einen Punkt bringen wollen – was macht sie aus?
G.M.: Qualität erkennt man in diesem Produktsegment daran, dass das Make-up nicht nur gut aussieht, sondern auch lange hält, sehr gut verträglich ist und die Verwenderin in ihrem besten Licht erstrahlen lässt.

Ein sehr gutes Zeichen ist es, wenn viele Profis, wie zum Beispiel professionelle Make-up Artists, Fotografen, Theater-Visagisten in make-up-technisch anspruchsvollen Situationen mit Produkten einer Marke arbeiten. Wir lancieren nur Produkte, die vor Markteinführung von professionellen externen Visagisten in solch schwierigen Situationen getestet und als sehr gut bewertet werden. Damit kommt die Endverbraucherin automatisch in den Genuss von exzellenter Qualität.

Was steckt hinter dem Hype um die schwarz verpackten Marken?
G.M.: Ich kann hier natürlich lediglich etwas zu dem „Hype" um M·A·C-Produkte sagen. Das minimalistische schwarze Verpackungsdesign stellt die verschiedenen Farben und Nuancen in den Vordergrund. Dabei unterstützt das Design unser Motto „All Ages, All Races, All Sexes", weil unsere Produkte „jeden" ansprechen sollen.

Wie wichtig ist die Anwendungsberatung in der dekorativen Kosmetik?

G.M.: Die Beratung ist in der dekorativen Kosmetik sehr wichtig. Die Endverbraucherin ist von der Fülle an Marken, Produkten und Farben meistens überfordert und weiß oft nicht, was sie kaufen und verwenden soll. Viele Frauen wünschen sich Unterstützung bei der Auswahl und Anwendung der Produkte. Auch wenn viele Verwenderinnen schon mit guten Schminktechniken vertraut sind, möchten sie häufig neue Techniken lernen und neue Looks ausprobieren und sich so immer dem neuen Zeitgeist anpassen. Das ist einer der Gründe für den Erfolg der Marke – an jedem Verkaufspunkt gibt es eine professionelle Beratung durch einen M·A·C-Mitarbeiter, der permanent geschult wird und so optimal beraten kann.

Die unterschiedlichen Make-up-Beratungen (Kurz-Makeups, einstündige Make-up-Lessons) werden von den Kundinnen sehr intensiv genutzt.

Warum gibt es von den Marken immer wieder neue Looks – statt Anleitung für ein persönlich modernes und gleichzeitig gesichtsoptimierendes Make-up?

G.M.: Make-up bedeutet schon längst nicht mehr nur das Auftragen einer für den jeweiligen Typ passenden Kosmetik. Es ist ein großer Bestandteil der Mode geworden, und die meisten Frauen möchten wie in der Mode immer die neuesten Trends kennenlernen und anwenden. Selbst in wirtschaftlich schwierigen Zeiten kaufen die Frauen Make-up-Produkte, weil so ein neuer Look sehr viel günstiger als mit neuer Kleidung erzielt werden kann.

Welche Bedeutung hat nachhaltige Produktion in der Herstellung von dekorativer Kosmetik?

G.M.: Nachhaltigkeit und soziale Verantwortung gewinnen auch bei dekorativer Kosmetik immer mehr an Bedeutung. Auch von sich aus stellen sich die Unternehmen immer mehr diesem Thema und versuchen, mit möglichst wenig Ressourcenverbrauch zu produzieren und soziale Verantwortung zu übernehmen. Wir haben beispielsweise den M·A·C Aids Fund. Die Gelder für diesen Fonds stammen aus dem Verkauf der *Viva Glam* Lippenstifte und Lipgloss. 100 Prozent der Erlöse fließen in den Fonds, und das ist einzigartig. Außerdem gibt es unser „Back to M·A·C"-Recycling-Programm.

21 | Kosmetikpinsel

Dekorative Kosmetik kann die besten Eigenschaften für subtiles Auftragen und lange Haftbarkeit haben. Diese nützen aber nicht, wenn das dazu verwendete Handwerkszeug nicht gut ist, zu viel Farbe schluckt oder abgibt und das Ergebnis alles in allem scheckig statt schön werden lässt. Für ein gelungenes Make-up gilt die Regel: Puder auf Puder, Creme auf Creme. Das bedeutet, dass sich beispielsweise ein Puderrouge nur auf der abgepuderten Wange gleichmäßig und in einem sanften Farbverlauf auftragen lässt. Es gibt in der Produktwelt auch spezielle Grundierungen, die zusätzlich die Haltbarkeit erhöhen, etwa für die Anwendung unter dem Lidschatten, der ohne eine Basis nur zu gern in die Lidfalte schlupft. Das A und O sind aber die Werkzeuge:

Von Kunsthaar bis zu Naturhaar, vom Schwämmchen-Applikator bis zum Pinsel gibt es viele Varianten, die verschiedene Ansprüche befriedigen. Dabei kann sich „billig" gerade hier als teuer herausstellen: Schneller Verschleiß, der zu früherem Neukauf zwingt, unbefriedigendes Schminkergebnis und höherer Produktverbrauch summieren sich schnell. Gutes Werkzeug ist daher eine Investition im besten Sinn – und auch preisgünstige Puder und Lidschatten profitieren vom besseren Auftrag. Dieses „wert"-volle Wissen können Sie für sich nutzen.

Grundsätzlich stellt sich vor dem Kauf von Pinseln die Frage, ob es Natur- oder Kunsthaar sein soll. Vergleichbar den Woll- und Synthetikfasern bei Textilien finden wir bei Naturhaar eine schuppige Oberflächenstruktur und bei Kunsthaar eine glatte, die besonders hautverträglich und für Allergiker geeignet ist. Kunstfasern lassen sich für verschiedene Anwendungsgebiete mit den passenden Eigenschaften ausstatten. Inzwischen gibt es 100-Prozent-Imitationen, die einem Naturhaar in Weichheit, Aufnahme- und Abgabefähigkeit sowie vom Ergebnis her in Nichts nachstehen. „Wir haben eine gewellte Faser, die sogenannte „crimped fibre", entwickelt, die von Visagisten für *Fehhaar* gehalten wurde", erzählt auch Svetlana Stukert, meine Gesprächspartnerin über Pinselqualität. Fehhaar kommt übrigens vom Eichhörnchen, ein Begriff aus der Pelzindustrie. Denn dort stammen auch die Haare für die Pinselfertigung her: Sie sind ein Nebenprodukt aus der Pelzgewinnung, wobei nur Tieren, die in sehr kalten Regionen leben, robustes Haar wächst. Folgende Naturhaare werden entsprechend der verschiedenen Einsatzgebiete verwendet:

- **Puder- und Rougepinsel:** ein weiches, formstabiles Haar, zum Beispiel vom feineren Brust- oder robusteren Rückenfellhaar der Bergziege
- **Lidschattenpinsel mit natürlichem Auftrag:** Russisches Rotmarderhaar vom Schweif des Tieres
- **Lidschattenpinsel für farbintensiven Auftrag:** Fußfesselhaar vom Pony
- **Blender zum Verwischen:** sehr flexibles, weiches Haar wie das Schweifhaar des Braunmarders
- **Lippenkonturen und lineares Arbeiten:** Haar mit flaumfeinen Spitzen, etwa vom Schweif des Rotmarders

Die Haarspitzen sind wie bei einem Baby, das noch keinen Ersthaarschnitt hatte, spitz und dadurch besonders weich. Sobald man das Haar schneidet, werden sie stumpf und damit weniger weich. Damit die kostbaren Qualitätspinsel ihre höchste Lebensdauer von durchaus 20 bis 30 Jahren erreichen, ist außerdem eine sorgfältige, regelmäßige Reinigung und Pflege elementar: Auch sehr milde Shampoos enthalten entfettende Substanzen. Da Pinselhaar aber durch keine Zellen mehr rückgefettet wird, ist sogar Babyshampoo ungeeignet, weil es austrocknet. Rückfettende Spezialmittel sichern die Geschmeidigkeit. Beim Auswaschen sollte grundsätzlich nur der Pinselkopf intensiv gereinigt und der Pinsel nicht zu lange im Wasser gelassen werden, damit das Holz des Pinselstiels nicht aufquillt.

Für eine kleine Branche und ein Produkt, dessen Herstellung wenige, sorgfältige Arbeitsschritte benötigt, können wir doch viel davon erwarten:

Erwartungshaltung an Kosmetikpinsel

- subtiler Auftrag von pudrigen und cremigen Produkten
- geringer Haarverlust
- präzise Ausformung
- leicht zu reinigen/pflegeleicht
- sehr lange Lebensdauer
- streichelweiches Feeling auf der Haut
- Verarbeitung von hochwertigen Rohmaterialien (Haar, Zwingen, Stiel)
- hohe Formbeständigkeit des Pinselkopfes
- weniger Produktverbrauch
- beim Auftragen kein „Verstäuben" der Partikel
- gleichmäßiger, streifenfreier Farbauftrag
- weiche Farbverläufe
- einfache Handhabung
- deutlich längere Haltbarkeit des Schminkergebnisses

Meine Interviewpartnerin ist Vertriebsleiterin für Deutschland, Österreich und die Schweiz bei der Marke *da Vinci*, die Kunstmalern, Insidern und Liebhabern der Maquillage-Kunst ein echter Begriff ist und „handmade in Germany" produziert. Im Gespräch wird spürbar, dass ihr Job tatsächlich ihr Traumberuf ist:

Frau Stukert, welche Komponenten rechtfertigen den Preis hochwertiger Pinselprodukte?

S.St.: Bis ein Kosmetikpinsel unser Haus verlässt, braucht es rund zwei Tage und sechs Mitarbeiter. Die Qualität der verwendeten Haare ist es aber, die den eigentlichen Wert ausmacht: Beim Einkauf von Haar für Rouge- und Puderpinsel legen wir zum Beispiel besonderen Wert auf Fellhaar von Bergziegen aus den Hochtälern Nordchinas. Diese werden dort von Bauern gehalten und die Gewinnung der Pinselhaare ist deren Lebensgrundlage. Aufgrund des dortigen rauen Klimas ist das Fell besonders dicht, die Haare sehr elastisch und nach unseren über Jahrzehnte gewonnenen Erfahrungen von besonderer Güte.

Gibt es eine Prozentzahl für das Mehr an Wert?

S.St.: Der Produktverbrauch sinkt signifikant, das merkt Frau schnell im Portemonnaie. Einen hochwertigen Pinsel müssen Sie auch für lange Zeit nicht ersetzen, so sparen Sie noch einmal. Und schließlich ist ja auch das befriedigende Ergebnis durch den ebenmäßigen Auftrag viel wert.

Wie lange leben denn Pinsel bei guter Behandlung?

S.St.: Bei sachgerechter Anwendung und sorgfältiger Reinigung alle zwei bis drei Wochen durchaus 20 Jahre und länger.

S.St.: Für Puder- und Rougepinsel verarbeiten wir Berg-
ziegenhaar chinesischen Ursprungs. Das Rotmarderhaar-
schweifhaar für Lidschatten- und Lippenpinsel kommt aus
Sibirien und Nordchina. Aufgrund der klimatischen Bedingungen findet man hier die besten Qualitäten, die edelsten
Pelze mit Schweifen in diesen Regionen. Für unsere Pinsel
wird ausschließlich das Winter-Schweifhaar verarbeitet. Die
Tiere stammen aus der freien Wildbahn, nicht aus Käfighal-
tung. Dabei achten wir stets auf einen sorgsamen Umgang
mit diesen kostbaren Materialien. Alles vom Tier findet
seine Verwertung.

Geschorene Haare können nicht zu Qualitätspinseln verarbeitet werden, denn ihnen fehlen die feinen, natürlichen
Haarspitzen. Für Verbraucher, die sich mit der Verwendung
von Naturhaar nicht wohlfühlen, bieten wir alternativ mit
unserer jüngsten Linie *da Vinci Synique* ein komplettes Pin-
selsortiment aus hochwertigen Kunstfasern. Diese Faser-
qualitäten bieten auch Verbrauchern mit veganen oder
„Öko"-Lebensstilen eine verlässliche Alternative ohne tierische Bestandteile.

22 Parfums und Düfte

Inhaltsstoffe animalischen Ursprungs werden heute so gut
wie nicht mehr verwendet. Denn während Ambra als Aus-
scheidungsprodukt von Walen auch für Tierschützer nicht

kritisch war, war Moschus von einem Hirsch – nicht etwa einem Ochsen – nur zu gewinnen, wenn man ihn tötete. Angesichts der Unmengen Parfums, die heute den Verkaufstresen wechseln, ist das ohnehin nicht mehr vertretbar. Heute werden in Düften synthetische und immer noch natürliche florale Duftstoffe verwendet, was keineswegs nur Qualitätseinbußen mit sich bringt, sondern seine Vorteile hat: Synthetische Stoffe bringen eine höhere Duftstabilität über einen längeren Zeitraum mit und sind unter Umständen sogar teurer als natürliche. Das heißt: Ein Duft hat Kontinuität.

In den besten Zeiten der Haute Couture haftete jedem großen Namen auch das Image der eigenen Duftwelt an. Bekannte Häuser wie Dior, Chanel, Hermes, YSL, Jean Paul Gaultier, Nina Ricci und Co. positionierten sich nicht zuletzt über ihre Düfte. Manche von ihnen wurden zu Jahrhundertdüften, wenn man sich an *L'Air du Temps* (Ricci) oder *Chanel No. 5* erinnert. Heute aber ist eigentlich jeder Sportler, jedes It-Girl und jede Millionenerbin echte Konkurrenz. Mit Gabriela Sabatini fing es 1989 an.

Seitdem fluten immer mehr und immer schneller erscheinende Duftkreationen den Markt und machen die schöne Kunst des Parfümierens beliebig und austauschbar. Dabei ist die Flüchtigkeit der modernen Düfte auch eine Antwort auf den Zeitgeist, der traditionelle Parfums in der Wahrnehmung unserer heutigen Nase schwer wirken lässt. Die neue Flüchtigkeit entsteht, wenn mehr Ingredienzien verwendet werden, die eine geringere Haftbarkeit haben – wie etwa die beliebten Zitrusnoten. Die Intensität eines Duftes und seine Haftbarkeit hängen daher genauso von den verwendeten Bestandteilen ab wie von der individuellen Körpertemperatur, dem Talggehalt der Haut und der Außentemperatur. Außerdem wird sie über die Verdünnung gesteuert: Ein Eau de Toilette (EdT) hat nur Kopf- und Herznote und ist deshalb vom Duft her anders und leichter als das gleichnamige Eau de Parfum (EdP) oder Parfum.

Das eigentliche Erlebnis beim Duftkonsum liegt heute immer mehr in der Phase vor dem tatsächlichen Erwerb, nämlich im „Konsum" der Werbung und dem Austausch mit Gleichgesinnten über die angesagteste Marke. Früher fing das Erlebnis beim Kauf erst an. Wenn der Kick aber im Spiel mit dem Trend und nicht im Verbrauch selbst liegt, wird klar, warum viele Menschen zufällig wirkende Parfums haben, die oft nicht zum Typ passen und im schlimmsten Fall ein wildes Duft-Durcheinander im Kleiderschrank zur Folge haben. Dabei sind Düfte ein tolles Ausdrucksmittel, um Stimmungen, das Gefühl für einen besonderen Anlass oder die eigene Persönlichkeit zu betonen.

Egal, ob Sie einen einzigen Identitätsduft oder aber mehrere Stimmungsdüfte bevorzugen, gibt es ein paar Tipps für die Auswahl, denn auch ein ungeliebtes und daher unbenutztes Parfum ist eine überflüssige Investition:

- Sie sollten Ihre Ausstrahlung kennen: Klassisch? Casual/leger? Avantgarde? Sportlich? In meinem ersten Buch finden Sie genaue Beschreibungen inklusive empfohlener Duftgruppen.

- Was die Nahrung angeht, bleiben Sie in Ihrem persönlichen „Normalzustand", weil sich Ernährung auf den Duft der Haut auswirkt: Wer also würziges Essen liebt, verzichtet auch vor dem Parfumkauf nicht darauf – wer sich eher mild ernährt, kauft den neuen Duft nicht unbedingt nach einem Besuch im Asia-Restaurant.

- Duschen Sie am Morgen normal, aber parfümieren Sie sich nicht!

- Kleiden Sie sich entsprechend Ihrem Typ! Sie fühlen sich authentisch und erhalten auch eine bessere Beratung.

- Testen Sie in den Wochen vorher ein paar Düfte spontan im Vorbeigehen, um eine „Richtung" zu finden oder zumindest ein paar Trends auszuschließen. Der neueste Duft von Marke XY hat selten mit Ihnen etwas zu tun!

- Nehmen Sie jemanden mit, der Sie wirklich mag – und deshalb auch kritisch ist!

Auswahl

- Betreten Sie ein Geschäft, das Ihnen sympathisch ist, welches Sie für kompetent halten und lassen Sie die Präsentation der Duftabteilung auf sich wirken: Gängige „Mainstreamdüfte" oder Ladenhüter, die abverkauft werden müssen, werden gerne auf Augenhöhe platziert. Es gibt aber noch die Reckhöhe (höher als Ihr Kopf), Griffhöhe

(Brust- bis Hüfthöhe) und die Bückhöhe (Oberschenkel
bis Boden). Bitte schauen Sie sich überall um. Schätze
findet man meistens erst auf den zweiten Blick.

- Gehen Sie nach Farben! Lassen Sie die Verpackungen und
  Flakons auf sich wirken (nicht umsonst geben Firmen viel
  Geld für Flakon-Design aus): Der Flakon erzählt etwas
  über das Parfum! Ein klassisch-eleganter Duft wird nie in
  einer rosa Verpackung mit gold-verschnörkeltem Flakon
  angeboten. Suchen Sie, was Sie anspricht.

- Ihre Nase kann zu viele Düfte nicht unterscheiden und ist
  schnell überfordert. Sprühen Sie daher nur wenige Duft-
  proben auf die weißen Riechstreifen – oder ein unbenutztes Taschentuch, um das Aroma aufzunehmen. Wenn Sie
  das Gefühl haben, die Düfte nicht mehr unterscheiden
  zu können, neutralisieren Sie die Nase an bereitgestellten
  Kaffeebohnen oder am eigenen Körpergeruch, zum Beispiel, ja wirklich (!), in der eigenen Armbeuge. „Wedeln"
  Sie die ersten Wolken des Alkoholgeruchs weg. Wenn Sie
  nun am Streifen riechen, erleben Sie immer noch nur die
  Kopfnote!

- Sprühen Sie die drei Düfte, die Ihnen auf den Riechstreifen am besten gefallen, auf gut erreichbare Hautpartien
  wie etwa die Handrücken und den Ellenbogen.

- Dann verlassen sie die Parfümerie für etwa eine Stunde!
  So lange braucht Ihre Nase zur Erholung – und der Duft,
  um sich auf der Haut von der Kopfnote über die Herznote bis zur Basisnote zu entwickeln. Vergleichen Sie Ihre
  Favoriten immer wieder.

- Was sich nach einer Stunde gut „anfühlt" und von Ihrem Begleiter/Ihre Begleiterin als passend bezeichnet wird, können Sie nehmen! Ansonsten suchen Sie bitte weiter.
- Noch ein Tipp: Ein Duft haftet länger in Verbindung mit Fett und Wärme, zum Beispiel bei öligen Hauttypen oder im Sommer, wo die Haut mehr Talg produziert. Im Winter können die Hautpartien gerade bei trockenen Hauttypen eingecremt werden, bevor Sie sie parfümieren.

Erwartungshaltung an Parfums und Düfte

- Dosierbarkeit und feiner Auftrag durch den Vaporisateur (Cremeparfum wird heute kaum noch gekauft)
- eine Auswahl an Intensitäten, je nach Serie durch EdT, EdP, Parfum und eine Körperlinie
- individuell gewünschte leichte oder intensive Haftbarkeit
- ein Ausdruck, der die Persönlichkeit abrundet
- bei Bedarf: Exklusivität, zum Beispiel durch einen besonders raren Duft
- entsprechend gute, typgerechte Duftberatung

Marc vom Ende, Senior Parfumeur bei *Symrise,* war mein Interviewpartner für die folgenden Fragen. Symrise ist ein globaler, in Deutschland ansässiger Anbieter von Duft- und Geschmackstoffen, kosmetischen Grund- und Wirkstoffen sowie funktionalen Inhaltsstoffen. Besonders ist die Kombination der Fachgebiete *Flavour & Nutrition* (engl. Geschmack und Nahrung) sowie *Scent & Care* (engl. Duft

und Pflege) – zweier Erlebniswelten, die sich perfekt ergänzen. Das Interview habe ich ergänzt durch eine Rückfrage
bei Elmar Keldenich, Geschäftsführer des Bundesverbands
Parfümerien e.V. und der Qualitätsgemeinschaft deutscher
Luxusparfümerien *first in beauty*.

**Herr vom Ende, welche Komponenten stecken im
Preis von Parfums und Düften?**
M.v.E.: Wie alle Produkte ist auch ein Parfum eine ganze
Welt aus Komponenten. Entwicklung, Werbung/Image
und auch der Flakon gehören dazu. Es ist aber nicht gesagt,
dass teure Inhaltsstoffe auch gute Düfte machen – und auch
die Anzahl der Ingredienzien ist keine Qualitätsgarantie.
Ein genialer Duft folgt geheimnisvolleren Gesetzen, die mit
der Komposition zu tun haben. Ich persönlich bewundere
einen Parfumeur, der sich auf 200 Grundstoffe beschränkt,
aus denen er Düfte kreiert. Wenn ein neuer dazu kommt,
nimmt er einen anderen dafür weg. Das spricht für Klarheit
und eine eigene Handschrift.

**Es ist immer wieder von „gepanschten" Duftimitaten
die Rede. Wie kann ich als Kunde die Qualität und Ori-
ginalität vor dem Kauf erkennen?**
M.v.E.: Wenn die Erkennungsmerkmale einer Marke wie
zum Beispiel der Flakon und das Logo authentisch sind,
läuft man kaum Gefahr, ein Imitat zu erwischen. Die sehr
großen und bekannten Namen wie *Chanel* werden zwar
gerne kopiert, gehen aber von selbst bereits dagegen vor.
Sobald ein Artikel im deutschen Handel erscheint, kann

man mit ziemlicher Bestimmtheit von einem Original ausgehen. Imitate, die man etwa im Ausland angeboten bekommt, sind vom Preis her auffällig günstig und ahmen bekannte Marken und Produkte von den Äußerlichkeiten her nur nach, sehen aber bei genauer Betrachtung anders aus. Der Inhalt trifft nur die grobe Struktur des Originalparfums, deshalb fehlt dem Duft die Fülle.

Wie lässt sich Beratungsqualität im Parfumverkauf sicherstellen? Wie sieht die Ausbildung in diesem Handelsbereich aus?

M.v.E.: Es gibt deutliche Qualitätsunterschiede der Beratung im Einzelhandel. Deshalb haben sich gehobene Parfümerien zu einer Allianz zusammengeschlossen, der Qualitätsgemeinschaft *first in beauty*. Diese Parfümerien verpflichten sich zu bestimmten Qualitätsstandards. Ein Merkmal ist, dass in diesen Parfümerien mindestens eine Person vorhanden sein muss, die eine Duftschulung durchlaufen hat. Sie trägt dann den Titel „Maître des Parfums" und ist in der Lage, intensiv zu beraten. Die Schulungen werden von mir durchgeführt und vermitteln Fachwissen zu Parfümkreation, Duftvokabular, Parfumlandkarte und Markenhintergründen. Solche Parfümerien sind Parfum-„Supermärkten" ohne fachliche Beratung immer vorzuziehen.

Herr Keldenich, wie sehen die Qualitätskriterien in der Parfumberatung im Einzelnen aus?

E.K.: Die circa 27 bis 28 Parfümerien unserer *first in beauty* Qualitätsgemeinschaft müssen zunächst einmal eine be-

stimmte Sortimentsbreite und -tiefe bieten, die über den
Mainstream hinausgeht. Entsprechend braucht das Personal
eine größere Sortimentskenntnis und muss vor allen Dingen
auch die richtigen Fragen stellen können. Ein Beispiel: Was
ist für den Kunden ein „frischer" Duft? Das hat unter anderem mit der kulturellen Prägung zu tun. In Europa steht
„frisch" meistens für „zitronig". In den USA aber wird es
mit „Vanille" assoziiert, welche an den Duft von Babypuder
und ein „frisches Kind" erinnert.

Eine gute Verkäuferin – nicht nur in der Parfümeriebranche
– braucht eine besonders hohe soziale Kompetenz, um sich
voll auf einen Kunden einstellen zu können und ihm zu verkaufen, was ihn zufriedenstellt, unabhängig von ihrem persönlichen Geschmack. Das verlangt natürlich auch Abstand
zu sich selbst. Für all das bieten wir spezielle Schulungen,
welche auf die (notwendige) fachliche Grundausbildung
aufbauen und diese im Interesse einer höheren Qualität
ergänzen. Zusammengefasst kann man sagen: Gute Beratung ist markenunabhängig und kundenorientiert – und sie
traut sich auch, Nischenprodukte anzubieten, wenn das für
den Kunden das beste Produkt ist. Ich habe die Erfahrung
gemacht, dass diese Art der Beratung vorwiegend in kleineren, inhabergeführten Geschäften zu finden ist, bei denen
hinter dem Angebot auch ein Mensch steht.

**Marc vom Ende, wie sehen Sie den Internetkauf im
Duftsegment?**

M.v.E.: Für Duft funktioniert das Internet meiner Meinung nach nicht. Man muss probieren, riechen und den Duft erleben. Also eindeutig: Fachparfümerie! Bei Nachkäufen ist das „www." eine Option – wer schätzt nicht den Einkauf ohne Aufwand, wenn er weiß, was er will?

Es ist nur nicht nett, sich im Fachhandel beraten zu lassen und dann woanders einzukaufen. Meist geht es doch nur um wenige Euro, und das kann es nicht wert sein, dass dafür kleine Spezialisten, die sich Beratungsqualität leisten und für den Kunden – nicht nur für den Umsatz – wirklich noch da sind, deswegen schließen müssen.

Welche Tipps und Empfehlungen haben Sie noch?
M.v.E.: Duft ist etwas Intimes, das Emotionen weckt oder wach hält. Daher sollte man sich für die Duftauswahl immer Zeit nehmen. Auch die Wahrnehmung ändert sich mit den Jahren. Duft ist Persönlichkeit, kann aber auch Stimmung sein – und das sollte er spiegeln. Man muss aber auch Veränderungen berücksichtigen, denn Veränderung ist Leben.

23 Die Qualitätsfrage beim Kauf von Körperpflege- und Beautyprodukten

Die Entscheidung „Bio oder nicht" kann Ihnen bei Ihrem Konsumverhalten niemand abnehmen, auch nicht dieses Buch. Sie haben aber eine Fülle an Informationen bekommen, die Sie als Basis Ihrer Erwägungen nutzen und so zu einer begründeten eigenen Meinung kommen können.

Einerseits stehen viele Inhaltsstoffe und die herkömmliche Kosmetik „unter Beschuss", wobei die meisten Angriffe aus Kanälen kommen, die selbst kommerzielle Interessen verfolgen wie etwa manche Internetportale oder Smartphone-Apps. Und auch die Präsenz von Prominenten als „Testimonials" legt nahe, dass in einem Markt „gutes Geschäft" zu machen ist.

Mein Austausch mit der Expertin des IKW, des Industrieverbands Körperpflege- und Waschmittel e.V., führt zu der Aussage, dass „jede Art von Rot/grün- oder Smiley-Einstufung kosmetischer Inhaltsstoffe als wissenschaftlich nicht haltbar und als Orientierung für uns Verbraucher unbrauchbar" ist.

Die Hersteller klassischer Kosmetikprodukte berufen sich auf strenge Regelungen und Vorschriften, die den Schutz des Konsumenten nach dem Stand der Erkenntnisse wahren. So schreibt mir Birgit Huber, Stellvertretende Geschäftsführerin des IKW, dazu:

„Wer in Deutschland Kosmetika kauft, kann diese Produkte ohne Bedenken verwenden. Kosmetische Mittel unterliegen EU-weit einer Vielzahl gesetzlicher Bestimmungen, die die Sicherheit der Produkte für den Verbraucher gewährleisten. Da die Produkte direkt mit dem Menschen in Kontakt kommen, sind die Anforderungen an die gesundheitliche Unbedenklichkeit entsprechend hoch. Sie betreffen nicht nur das kosmetische Mittel und die Art seiner Anwendung, sondern auch alle Inhaltsstoffe. Nach ihrer Markteinführung überwachen die Hersteller die kosmetischen Produkte kontinuierlich weiter. Ähnlich wie Lebensmittel unterliegen Kosmetika zudem der amtlichen Kontrolle. So ist zu jedem Zeitpunkt sichergestellt, dass die am Markt erhältlichen Produkte gesundheitlich unbedenklich sind."

Der Dreh- und Angelpunkt in dieser Debatte ist allerdings die oft lange Zeitspanne zwischen den kritischen Ergebnissen wissenschaftlicher Forschung, ihrem Bekanntwerden und dem Inkrafttreten des daraus resultierenden Gesetzes.

Das bewusste Hinterfragen der Inhaltsstoffe ist auch gerade dann angezeigt, wenn man zu Allergien neigt oder eine bisher unbekannte Erkenntnis über die Folgen langfristiger Anwendung von Stoffen öffentlich wird. Viele Menschen sind aber auch auf natürliche Stoffe allergisch, zum Beispiel auf Wolle oder Tomaten, um auch einmal Beispiele aus anderen Konsumbereichen zu nennen.

Reaktionen auf Bestandteile haben immer mit der Menge und der Dauer der Benutzung zu tun. Langjähriger Gewohnheitsgebrauch bei großzügiger Anwendung empfiehlt sich also nicht, wenn Sie Bedenken haben oder empfindlich sind.

Das Verbraucherportal *Haut.de* liefert fachlich neutrale Informationen und bietet auch eine Inhaltsstoff-Datenbank, in der sich Angaben zu Funktion und Wirkungsweisen ein- zelner Ingredienzien aufrufen lassen.

Der Fokus der Betrachtungen ist bei Gesichts- und flächiger Körperpflege naturgemäß anders als bei dekorativer Kosmetik oder Haarpflege. Während die Inhaltsstoffe und ihre Unbedenklichkeit – die wir aber selbst nicht überprüfen können – bei Cremes und Lotionen Priorität haben sollten, ist bei einem Make-up oder auch der Behandlung der Haarpracht das Ergebnis vordergründig. Das legt in der Maquillage automatisch auch die – ebenfalls begründete – Verwendung hochwertiger Pinsel nahe. Dabei muss jede Verbraucherin für sich überprüfen, ob Echthaar angesichts der sehr langen Lebensdauer von Pinseln bei guter Pflege für sie vertretbar ist oder ob sie hochwertigste Kunsthaarpinsel mit dem persönlichen Gewissen besser vereinbaren kann.

Beim Einkauf von kosmetischen Produkten liegt das eigentliche Geheimnis in der treffenden Auswahl und der vorangehenden Bedürfnisanalyse. Trockene Haut beispielsweise, die eigentlich Feuchtigkeit braucht, gewinnt kein bisschen durch ölhaltige Cremes, deren größere Fettmoleküle sogar verhindern können, dass Feuchtigkeit aufgenommen wird.

Für die Diagnose nehmen sich gewissenhafte Ärzte viel Zeit – warum wir uns nicht auch, bevor es an die Auswahl von Beautyartikeln geht, die unseren gewohnheitsmäßigen Warenkorb manchmal über Jahre füllen?

Bei allem Bewusstsein für politisch korrekte Produkte dürfen wir aber auch eines nicht vergessen: Menschen pflegen sich von jeher, weil sie attraktiv sein und anderen gefallen wollen. Und es soll Spaß machen!

Die ganze Kunst der Körperpflege und *Beauty* rankt sich um die Freude am Schönsein, die Lust auf Veränderung und den Drang nach Wohlbefinden. Darum lautet die **Qualitätsfrage**, die Sie sich beim Kauf entsprechender Leistungen und Produkte in diesem Segment auch immer wieder stellen sollten:

Fühle ich mich wohl, wenn ich dieses Produkt anwende? Und zwar nicht nur physisch, sondern in der vollen Verantwortung für mich selbst und mein Umfeld?

Ein „lauter", also aufdringlicher Duft, der die Grenzen aller Anwesenden überschreitet, ist genauso eine Qualitätseinbuße im Miteinander wie eine miese Laune, die sich auf alle überträgt. Es gilt, den Instinkt wieder zu schärfen.

Genauso spiegelt unser Umgang mit Körperpflege (aber auch mit Medikamenten und Nahrung) unsere innere Hygiene, durch die wir „gut zu uns selbst und gut zu anderen" sein können. Ein Parfum ist demnach gut gewählt und macht Sie selbst und andere glücklich, wenn Sie sich damit wohlfühlen – und Mitmenschen sich in Ihrer unmittelbaren Umgebung ebenfalls wohlfühlen.

Die angeblich oberflächlichen Äußerlichkeiten erhalten damit eine
sehr wichtige Bedeutung in unserem Leben: Sie haben eine Wech-
selwirkung mit unserem Innenleben, unserem Gemütszustand und
unserem Erfolg. Deshalb sollte es sich auch niemand leisten, Mode
und Schönheit als unwichtig abzutun – kein Mensch und auch
keine Firma. Sie gehören einfach dazu!

„Sei gut zu Dir", sagen wir manchmal beim Abschied von
Menschen, die uns etwas bedeuten. Oder auf Schweizer-
deutsch: „Heb' Dir Sorg'." Damit bitten wir den anderen,
eben diese Verantwortung für das eigene Wohlbefinden
zu übernehmen. Nicht umsonst habe ich den *Beautyfaktor*
Wohlbefinden in dieses Großkapitel integriert: Erst wenn es
uns gut geht und wir uns wohlfühlen, können wir von innen
heraus strahlen – und dann sehen wir auch gut aus! Wenn
unsere Ausstrahlung stimmt, ziehen wir Menschen und
Ereignisse in unser Leben, die dazu passen und das Schöne
reflektieren. So kommt über den Impuls der Zuwendung zu
uns selbst ein Kreislauf in Bewegung, der echte Lebensqualität und ihre Steigerung mit sich bringt.

Und mit dieser Lebensqualität haben auch die beiden folgenden Kapitel zu tun.

24 Beautyfaktor Wohlbefinden

Das Wort Ausstrahlung beinhaltet bereits, dass es etwas
geben muss, aus dem heraus etwas strahlt. Das könnte ein
Gefäß sein, bei dem wir aber entscheiden müssen, was wir

hinein tun. Gute Gedanken oder schlechte? Einen gesunden Selbstwert oder ein übersteigertes Ego? Gute Laune oder schlechte? Wir sind selbst verantwortlich.

Wer die innere Lampe anknipsen will – um noch ein weiteres Bild zu verwenden –, muss sich gelegentlich mit dem Leuchtmittel befassen. Da Schönheit im besten Sinn eine Folge der inneren Leuchtkraft ist, gehört das Gespräch über Coaching (obwohl eine Dienstleistung) unbedingt in dieses Buch über Produktqualität.

Dabei ist die Motivation, ein Coaching zu buchen, anfangs nicht immer eine Zuwendung zu sich selbst, sondern manchmal das Gegenteil davon: Das Gefühl, nicht zu genügen. Daher blüht das Geschäft mit Burn-out-Prävention, Erfolgsrezepten und der Verbesserung der inneren Einstellung. Es ist nicht selten ein Geschäft mit der Hoffnung – denn wo die Nachfrage groß ist, lässt die Qualität der Anbieter oft schnell nach. Der Begriff *Coach* ist ein nicht geschützter Begriff – genauso wie der *Stilberater*. Daher sollte man hier besonders verschärft auf die Qualität und Plausibilität der Grundausbildung seines Beraters achten, denn gerade die eigene Seele will sorgsam und verantwortungsvoll behandelt werden.

Getrieben wird das Wachstum in diesem Markt von zwei Trends: 1. dem Wissenszeitalter, das als Tribut seiner Kinder stets und ständig berufliche und persönliche Weiterentwicklung fordert, und 2. den neuen Biografien. Viele

Menschen entdecken gerade in der Lebensmitte, dass ihr bisheriges berufliches Leben sie nicht mehr erfüllt oder sich mit ihren Werten nicht mehr deckt, und fragen sich natürlich, was sie in den nächsten Dekaden ihres beruflichen Wirkens noch tun wollen. Denn mit der demografischen Entwicklung und den geringeren physischen Anforderungen im Alltag wird auch ein Berufsleben länger.

Als Resultat dessen, was früher noch die Midlife-Crisis war, gehen viele nicht etwa in handwerkliche Berufe, sondern folgen dem Bedürfnis, Lebenserfahrung weiterzugeben – als Coach, Trainer oder Referent. Oft spielen persönliche Erlebnisse dabei eine Rolle.

Einerseits locken die Chancen eines freien Marktes, auf dem es keine allgemein gültigen Gütesiegel oder Zulassungsvoraussetzungen gibt. Andererseits produziert eine Zeit, die Menschen in erster Linie geistig fordert und überfordert, neue Hilfsangebote.

Dies ist ein Luxustrend. Unsere Eltern und Großeltern, die einen Krieg erlebt und danach Aufbauarbeit geleistet haben, hatten kaum die Zeit, sich zu fragen, ob ihre Arbeit sie erfüllt oder sie gelassen genug sind.

Die neuen Richtungen in der Psychologie können also durchaus als moderne Varianten der Hilfe zur Selbsthilfe verstanden werden, da viele Beschwerden nicht unbedingt Krankheitswert haben und keine Therapie erfordern.

Der Trend zur permanenten Selbstoptimierung darf trotzdem immer mal wieder in Frage gestellt werden: Viele Menschen vergleichen sich ständig mit anderen und messen sich an Latten, die nicht ihre eigenen sind. Sie sind nicht mehr zufrieden mit einem guten Job oder einer guten Partnerschaft – es muss immer die durch Medien und Gesellschaft vermittelte Bestvariante sein. Und mancher täte sich einen Gefallen, auch sich selbst mit etwas mehr Wohlwollen zu betrachten und nicht immer nur zu sehen, was er *nicht* hat oder *nicht* kann, sondern was er besitzt oder vermag. Das verlangt Abstand zu sich selbst.

Stärken zu optimieren statt mit seinen Schwächen irgendwo auch sich selbst zu bekämpfen, ist eine gute Idee. Dabei hilft es, sich einmal Gedanken darüber zu machen, was man *gut* – und was man *gerne* – macht. Das muss nicht immer deckungsgleich sein.

Erfolge liegen immer dort, wo man gut UND mit dem Herzen dabei ist. Manches können wir vielleicht von unseren Fähigkeiten her sehr gut, lieben es aber nicht zu tun. Dann lohnt es sich, seine Einstellung zu ändern.

Was wir aber nur gerne – aber nicht gut – machen, sollte allenfalls zum Hobby werden, weil hier zwar Freude, aber keine Erfolge zu erwarten sind.

Je mehr Berater und Coaches es gibt, desto wichtiger wird die Frage nach der Eigenverantwortung in unserem Denken

und Handeln gegenüber uns selbst: Nicht „die anderen"
sind es, die uns zu dem gemacht haben, was wir sind, sondern unsere ureigenen Entscheidungen. Und genauso entscheiden wir uns auch für einen Coach, der unser Leben eine
Weile begleitet.

Erwartungshaltung an einen Coach

- eine Grundausbildung am besten im psychologischen,
  pädagogischen oder medizinischen Bereich
- eine fundierte Zusatzqualifikation als Coach
- Berufserfahrung und ein angemessenes Alter
- die Größe, Grenzen zu erkennen und ggf. an einen
  Fachmann weiterzuleiten
- ein professionelles Preisangebot
- Ehrlichkeit
- Humor
- dem Klienten sympathische Erscheinung
- in sich ruhende Persönlichkeit, die eigene „Themen"
  geklärt hat
- Einfühlungsvermögen ohne übertriebene Empathie
- professionelle Distanz
- ein individuelles Beratungsangebot
- einen Coachingvertrag in dem (falls vereinbart) die
  Stundenzahl und der Preis plus Zahlungsmodalität
  festgelegt sind.
- eine Vertraulichkeitserklärung
- eine Erklärung zur Datensicherheit, was wie
  gespeichert wird

- eine klare Unterscheidung des Angebotes in Therapie, Beratung oder Coaching

Das Gespräch über Qualität in der Persönlichkeitsberatung habe ich mit der Psychologin Dr. Ilona Bürgel geführt, die als Expertin für „Wirtschaftsfaktor Wohlbefinden" bundesweit charismatische Vorträge für Öffentlichkeit, Firmen und Verbände hält.

Frau Dr. Bürgel, welche Komponenten sind im Stundensatz eines guten Persönlichkeitsberaters enthalten, und warum sind die Preisunterschiede so groß ?

I.B.: Auch dieser Markt wird durch Angebot und Nachfrage sowie durch Markenpositionierungen geregelt. Neben der Entscheidung für eine Art des Coachings, wie zum Beispiel systemisch, NLP (also Neuro Linguistisches Programmieren) oder Positive Psychologie, trifft der Klient immer eine Entscheidung für eine Person. Das heißt für deren Stil, Überzeugungen, Bekanntheit.

Kennzeichnend für den Coaching-Markt ist, dass aus allen Berufsgruppen Menschen Ausbildungen als Coach absolvieren. Als Klient habe ich kaum eine Chance, Qualitätsunterschiede zu erkennen. Das ist insofern nicht so schlimm, als dass ich davon überzeugt bin, dass eine gute Beziehung, eine gute „Chemie" wichtiger ist als die eingesetzte Technik. Der Klient leistet am Ende ja die Arbeit selbst und erhält nur Anstöße durch den Coach. Ob der Klient bereit ist, diese anzunehmen, sich zu öffnen und ehrlich zu sein,

hängt mehr von einem guten Kontakt als von der Technik
ab. Interessant wird das gebotene Leistungsniveau, wenn
man es in Bezug zu den Preisen setzt. Wenn Sie sich für ein
teures Coaching entscheiden, ist es umso wichtiger, immer
wieder zu prüfen, ob es so läuft, wie Sie es erwarten. Eine
Erfolgsgarantie gibt es leider nicht.

Es gibt Studien mit Durchschnittspreisen, die man sich im
Internet ansehen kann. Oder Sie fragen verschiedene Coaches an, um ein Gefühl für das Preisgefüge am Markt zu
bekommen. In den Preis fließen wie in allen Geschäften
Themen wie Ort, Lage der Räume und Größe des Unternehmens ein. Außerdem der fachspezifische Hintergrund.
Gibt es eine Universitätsausbildung im Bereich Psychologie oder dem Fachthema, überzeugt der Werdegang? Wie
viele Jahre Berufserfahrung weist der Coach vor? Schon bei
der Vielfalt an angebotenen Techniken wird es schwierig.
Denn ob ein Spezialist, der sich nur mit einem Verfahren
– aber dafür eben exzellent – auskennt, besser passt oder
jemand, der einen großen Werkzeugkasten hat und flexibel
ist, kann nicht eindeutig beantwortet werden

Der Coach muss dann seinen Honorarwert am Ende selbst
bestimmen. Das hängt oft vom eigenen Selbstbewusstsein
und vom Interesse, wirtschaftlich zu denken, ab. Wenn
jemand in Presse und Medien bekannt, ist, Bestseller
geschrieben hat oder Prominente berät, wird er sicher höhere
Preise haben.

In jedem Fall fahren Sie am besten, wenn Sie sich Empfehlungen von Menschen, die Sie kennen, einholen und vergleichen. Das ist der Vorteil des freien Marktes. Sie zahlen, also
wählen Sie. Schauen Sie sich die Webseiten genau an, nutzen Sie das persönliche oder telefonische Vorgespräch und
folgen Sie Ihrem ersten Eindruck. Der hat meistens recht.
Wenn Sie sich nicht sicher sind, ob Sie eine Therapie oder
ein Coaching brauchen, sollten Sie dies mit Ihrem Hausarzt
oder einem Therapeuten besprechen.

**Wie lang sind übliche Beratungszeiträume, und wel-
chen Rhythmus empfehlen Sie?**
I.B.: Coaching setzt im Unterschied zur Therapie normalerweise nicht in Krisensituationen an, wo eine sehr enge
Begleitung nötig ist. Dadurch können die Termine weiter
auseinander liegen. So wird der Zeit- und Geldeinsatz auch
relativiert. Tendenziell bestimmt das Ziel des Coachings die
Organisation. Wenn ein ganz konkretes Thema bearbeitet
werden soll, wie etwa eine berufliche Neuorientierung, ist
das zeitlich klar begrenzt und abgeschlossen, wenn der Klient in einem neuen Job etabliert ist. Geht es eher um persönliche Veränderungsprozesse, empfiehlt sich eine längere
Zusammenarbeit. Denn wir scheitern nicht an der Theorie,
sondern am Alltag. Treffen im Abstand von drei bis sechs
Wochen sind aus meiner Erfahrung optimal. Der Klient
bestimmt auch hier das Optimum: Wie viel Zeit und Geld
möchte er einsetzen, und was tut er in der Zwischenzeit
selbst? Ein Coach ist ja in gewisser Weise eine Verabredung

mit sich selbst. Denn wir könnten uns auch in vielen Dingen selbst coachen, nehmen uns dafür aber nicht die Zeit.

Ich plädiere gern für seltenere, aber dafür langfristigere
Treffen wenn Veränderungen angestrebt werden. Ein Jahr
ist aus meiner Erfahrung ein normaler Zeitraum der Zusammenarbeit. Ich habe aber auch längere Klientenbeziehun-
gen, weil ein Vertrauensverhältnis entstanden ist und allein
das Gefühl „es ist jemand an meiner Seite" dabei hilft, an
den eigenen Themen dran zu bleiben.

**Welche Mitarbeit/Selbstarbeit wird vom Coachee
erwartet?**
I.B.: Sich für ein Coaching zu entscheiden, heißt schon eine
Entscheidung für Investitionen zu treffen. Vor allem in Zeit
und Auseinandersetzung mit sich. Der beste Coach nützt
nichts, wenn sich der Klient zwischen den Terminen nicht
mit dem Thema befasst. Es kommen Prozesse in Gang, die
auch ein Stück Konfrontation mit dem Ego sind. Darauf ist
der Klient meist vorbereitet, denn er kommt ja zum Coaching, weil er etwas ändern will.

Hilfreich ist, sich vor dem Erstgespräch genau zu überlegen, was das Ziel des Coachings ist. Was soll im besten Fall
herauskommen? Auch die Reflexion über innere Muster, die
der Klient im Alltag erkennt, ist nützlich und sollte aufge-
schrieben werden. Wenn schon Beratungen oder Coachings
absolviert wurden, sollte der Klient daraus lernen, was hilfreich oder nicht für ihn war. Darauf kann aufgebaut werden.

Was genau der Klient allein zu tun hat, hängt vom Coachingkonzept ab. Manche Coaches haben Fragebögen vor dem Erstgespräch. Das Führen eines Tagebuches zum Notieren der eigenen Gedanken bietet sich im Coachingprozess an, weil wir einfach auch wesentliche Erkenntnisse vergessen. Ich bin auch ein Freund von „Hausaufgaben", wenn meine Klienten dies möchten. So wird sichergestellt, dass der Prozess der Entwicklung nicht abreißt.

Grundlegende Dinge wie Offenheit, Vertrauen, Mut und Disziplin werden von beiden Seiten erwartet. Meist ist nach dem ersten Termin klar, ob dies gegeben ist oder nicht. Falls nicht, kann der Zeitpunkt für ein Coaching nicht der richtige sein; wenn der Klient zum Beispiel gerade ein Haus baut und die Kinder in die Schule kommen, könnte der Kopf nicht frei sein – oder die Technik oder die Person des Coaches passen nicht. Gelegentlich erlebe ich auch das „Coachhopping". Wenn Klienten immer wieder den Coach wechseln und feststellen, Coaching „bringt nichts", dann steckt meist etwas anderes dahinter, wie die mangelnde Bereitschaft sich einzulassen, und beide sollten sich dies auch eingestehen.

Wann sollte ich als Beratener das Beratungsverhältnis beenden?
I.B.: Bereits nach dem ersten Kontakt, wenn ich mich nicht gut aufgehoben fühle. Manchmal kann man gar nicht erklären, warum das so ist. Wenn der Raum alt und unordentlich ist und mir das nicht gefällt, wenn es Störungen gibt

oder der Coach nicht bei der Sache ist, merkt der Klient das schnell.

Wenn die Technik nicht passt, und der Coach trotzdem damit weiter machen möchte, der Coach zwischen den Terminen überhaupt nicht erreichbar ist oder sich nicht an Vereinbarungen hält, sind Sie am falschen Platz. Sie dürfen aber auch gehen, wenn Sie persönliche Eigenheiten wie hüsteln oder der Geruch stören. Coaching ist ein sensibler Prozess, Ihr Wohlbefinden steht an erster Stelle.

Was kann ich selbst tun, um innerlich zufriedener und selbstbestimmter zu werden? Haben Sie Tipps?
I.B.: Wohlbefinden, egal in welchem Lebensbereich, ist eine Einstellungsfrage. Zunächst ist eine Entscheidung nötig. Die Erlaubnis, dass es uns immer, egal was um uns passiert, gut gehen darf. Wann denken wir schon einmal darüber nach, mit welcher Grundhaltung wir durch das Leben gehen? Wir haben die Gedankenmuster von Familie und Gesellschaft übernommen und die sind nicht besonders glücksfreundlich. Mühe steht vor Freude, Disziplin vor Genuss. Die klassischen deutschen Tugenden haben uns weit gebracht, kommen gerade aber an ihre Grenzen. Wir haben es mit dem Anstrengen übertrieben und uns selbst dabei vergessen. Doch nur, wenn es uns gut, wirklich gut geht, strahlen wir das auf unsere Umgebung aus. Nur wenn es uns gut geht, können wir gut für uns und andere sein, können wir die vollen Kapazitäten unseres Gehirns nutzen:

kreativ und effizient sein, gute Lösungen finden und uns konzentrieren. Konkret heißt das:

1. Kümmern Sie sich um Menschen – zuerst um sich selbst
Tun wir nicht länger so, als ob es uns gut geht, sondern sorgen wir ab sofort dafür, dass es uns gut geht. Regt sich bei Ihnen hier die Sorge, ein Egoist zu sein? Gut für sich sorgen, heißt nicht, schlecht für andere zu sorgen. Es ist überhaupt erst einmal die Voraussetzung dafür, dass wir etwas zum Abgeben haben. Ein gutes Hilfsmittel ist die Frage: Was kann *ich heute* tun, dass ich mich wohlfühle? Diese Frage mit Soforteffekt, die von Louise Hay eingeführt wurde, ist ein Geschenk und heißt, nicht länger zu hoffen, der neue Kollege, die neuen Schuhe oder eine Liebeserklärung würden uns dauerhaft glücklich machen, sondern unser Wohlbefinden selbst in die Hand zu nehmen.

2. Sehen Sie, wie gut es Ihnen geht
Glück ist selten unglaublich intensiv und ekstatisch, sondern eher mittelmäßig angenehm. Die meisten Menschen sind statistisch gesehen glücklich, merken es aber oft nicht, weil sich andere Gedanken und Gefühle in den Vordergrund schieben.

3. Nutzen Sie die Formel für erfolgreiche Teams, Beziehungen und Gesundheit
Die positive Psychologie geht davon aus, dass Glück und Gesundheit wesentlich von dem Verhältnis positiver zu negativen Gefühlen abhängt. Als günstig gilt der Quotient

von drei zu eins. Das heißt: auf jedes schlechte Gefühl sollten mindestens drei gute kommen. Beginnen Sie Meetings mit positiven Informationen, ermutigen Sie Mitarbeiter, nach positivem Feedback zu fragen. Loben Sie Menschen zum Erfolg. Schreiben Sie Ermutigendes in Ihren Mailabsender. Grüßen Sie zuerst und sagen Sie viel öfter „Danke".

4. Lassen Sie sich nicht alles von sich gefallen

Unser Gehirn ist ein wenig außer Kontrolle geraten und macht manchmal mit uns, was es will. Dann sind wir übellaunig oder sehen keine Lösungen und befassen uns mit destruktiven Gedanken. Optimismus braucht geistige Disziplin.

5. Erteilen Sie sich ein Spekulationsverbot

Die Kollegin grüßt nicht, die Reinigungsfirma ruft nicht zurück? Schluss mit den Spekulationen über die Ursachen. Sie rauben gute Energie. Bleiben Sie neutral. Was sind wirklich Tatsachen und wo gehen Phantasie und Bewertungen mit Ihnen durch?

6. Sehen Sie, was Sie leisten

Starten Sie täglich mit dem Bewusstsein, dass es heute keiner mehr schaffen kann, den ständigen wachsenden Ansprüchen in allen Lebensbereichen gerecht zu werden. Nicht weil wir uns nicht genug anstrengen oder nicht effizient genug sind, sondern weil es zu viele und zu hohe Ziele überall gleichzeitig sind. Tun Sie täglich Ihr Bestes und relativieren Sie Ihre Erwartungen.

7. Ändern Sie, was sie stört

Die Tür quietscht, das Auto ist schmutzig, der Schreibtisch
steht ungünstig? Die Haarfarbe ist nicht mehr aktuell, und
die Kleidung ist zu klein geworden. Worauf warten Sie?
Jetzt ist der Zeitpunkt sich von unnützen, unsinnigen oder
unpraktischen Dingen zu befreien, die sonst immer wieder
Ihre Aufmerksamkeit und Ihr Wohlbefinden kosten. Sie
können ganz viel allein erreichen.

8. Denken Sie bei jedem Stück Schokolade an sich

Fragen Sie sich dabei jedes Mal, ob Sie heute schon gut
für sich gesorgt haben, und machen Sie Selbstfürsorge zur
Gewohnheit. Der kleinste Schritt kann zum Beispiel ein
Schokoladenritual als kleine Auszeit am Nachmittag sein.

25 Der gelungene Blumenkauf

Etwas Schönes zum Schluss: Intelligenter Konsum hat auch etwas mit dem Sinn für Details zu tun, die kein weiteres Ziel als das Verwöhnen der Sinnesorgane haben. Blumen gehören definitiv zu den Number-one-Hits der Sinnlichkeit. Sie können die tote Perfektion steriler Inneneinrichtungen beleben, der Sprachlosigkeit von Gefühlen Worte verleihen und Zeit sichtbar machen, weil sie den Lebenszyklus in ein paar Tagen statt annähernd 100 Jahren absolvieren. Und darum sind sie ja auch in unserem Kulturkreis von der Taufe bis zur Beerdigung präsent. Warum sonst steht die florale Welt für die Beschreibung von Menschenphasen Pate? Die „Blüte der Schönheit" oder der „Frühblüher" – also ein Mensch, der vor dem 20. Geburtstag seine angeblich und aus Betrachtersicht „besten" Lebensjahre hat – sind gängige Vokabeln im Gespräch über Dritte.

Wer Blumen in seinem Wohnalltag einen Platz gibt und ihr Dasein nicht als Pflanzenmord titulieren möchte, hat dezidierte Vorstellungen von der Qualität und Haltbarkeit der Gewächse, die ihn mit nach Hause begleiten und mit ihm eine Weile wohnen dürfen. Rosen, die nach drei Tagen die Köpfe hängen lassen, lieblos zusammengestellte Arrangements, überfrachtete Blumenbüschel, in denen die einzelne ihre Schönheit nicht mehr entfalten kann: So etwas grenzt für Wohnliebhaber und Ästheten an Raumverwüstung.

Dagegen kann ein gelungenes Blumenarrangement das Wohlgefühl einer ganzen Woche retten – jedenfalls, wenn die Ware entsprechend lange hält. Wie aber erkenne ich als Kunde Qualität, wenn ich Blumen kaufe? Und was darf das Vergnügen so kosten?

Denn Blumensträuße lassen sich kaum reklamieren, weil sich über Geschmack schließlich nicht streiten lässt. Und mit der Haltbarkeit verhält es sich fast wie beim Gebrauchtwagenkauf: Im Zweifelsfall ist der Schaden NACH Übergabe entstanden, zum Beispiel durch *etwas Frost* beim Transport durch uns unfachmännische Kunden. Reklamationen bei einem Floristen werden somit zur Verhandlungssache mit Beweis-Notstand.

Blumen ersetzen oder unterstreichen das unausgesprochene Wort der Anteilnahme, Dankbarkeit oder Liebe. Sie stehen aber auch für die Selbstverwöhnung, die Üppigkeit und die Schönheit im Leben. In den Aufbaujahren meiner Selbständigkeit habe ich zum Beispiel das Ritual der „Samstags-Rose" kultiviert, um das Wochenende einzuläuten. Symbole sind stark. Sie sind Ausdruck des Luxus und der Bedeutung, die wir dem Moment, dem Anlass, uns selbst und dem Empfänger geben. Dabei ist die Kraft der beginnenden Blüte als Geschenk immer auch Symbol dafür, dass sich die Beziehung (weiter-)entwickeln soll. Knospende oder üppige Blumen enthalten ein Versprechen, verwelkende wirken destruktiv.

Wer Blumen schenken möchte, sollte vorher ein paar Gedanken an den Empfänger verwenden, damit er nicht versehentlich sich selbst beschenkt:

- Welche Inneneinrichtung hat der Beschenkte, und was passt farblich und stilistisch dazu?
- Wo wird er das Gebinde hinstellen, lieber auf den Tisch oder in eine hohe Bodenvase?
- Hat derjenige die passende Vase?
- Hat er oder sie Zeit, das Blumenarrangement zu pflegen? Es macht wenig Sinn, jemanden mit Blumen zu bedenken, der kurz darauf in Urlaub fährt oder nach einem Vortrag mit der Bahn zurückreisen muss. Manche Veranstalter könnten die Freude des Empfängers erhöhen, wenn sie statt eines großen Bouquets einen Gutschein verschenkten.
- Gibt es Gerüche, die der Empfänger besonders liebt oder aber „nicht haben" kann?

Um zu bekommen, was wir wollen, ist es auch hier wichtig, der Auswahl Zeit zu widmen. Was soll ein hastig und lieblos zusammengestellter Strauß, der aus allen Blüten „Verlegenheitslösung" oder „Entschuldigung, ich habe mir keine Zeit für eine liebvolle Auswahl genommen" flüstert? Auf das verzichtet so mancher Empfänger gern. Unverzichtbar für den Blumenkauf ist daher dieses:

Erwartungshaltung an den Blumenkauf
- eine geschmackvolle Ladenpräsentation
- Beratung und Hinweise zu Transport und Pflege
- ein schönes Einkaufserlebnis
- das (für uns und den Anlass) perfekte Blumen-arrangement
- lange Haltbarkeit und lange Freude daran

Der Blumenladen in Wiesbaden ist meine Anlaufstelle für florale Botschaften an andere und mich selbst und hat mein volles Vertrauen für die stilvolle Ausführung. Inhaberin Elke Duiker hat sich Zeit für dieses Gespräch genommen:

Frau Duiker, an welchen Indizien können Kunden erkennen, ob die Ware lange halten wird?
E.D.: Die Aufbewahrungsgefäße. Tonkrüge verbergen, wie frisch das Wasser ist, in dem Blumen zum Verkauf aufbewahrt werden. Sie sollten in sauberen Glasvasen stehen und das Wasser ist sichtbar sauber – dann sind auch die Blumen frisch.

Ich selbst habe es gern, den Blumen meinen fachmännischen Erstanschnitt zu geben und etwa einen Tag bei mir im Laden zu haben, damit sie die erste beginnende Entfaltung unter meiner Aufsicht entwickeln können. Dann habe ich ein Gefühl für die Qualität und kann entsprechend beraten.

Wenn der innere Blumenkreis fest und dicht ist, zum Beispiel bei einer Gerbera, kann ich als Kunde davon ausgehen, dass die Ware frisch ist. Dicht gebundene Sträuße halten in der Regel länger als gestaffelt gebundene, weil die Blumen einander halten. Gestaffelte Gebinde sollten immer mit einem floralen Gerüst aus Zweigen gebunden sein, weil sonst die Hauptblumen keinen Halt haben, wenn der Kopf schwer vom Gewicht der Blüte wird. Das Gerüst garantiert die Stabilität, zum Beispiel bei einer Amaryllis in der Weihnachtszeit – oder aber bei 40 Zentimeter langen französischen Tulpen, die später im Jahr an Frühlingszweige gebunden werden.

Wie reklamiere ich am besten, wenn ich nicht zufrieden bin?
E.D.: Bitte sofort und trotzdem höflich. Die Haltbarkeit der Blumen hat viel mit dem Kunden selbst und seinen Gewohnheiten zu tun, deshalb wäre es toll, wenn er bei Reklamation Angaben über seine sonstigen Erfahrungswerte machen könnte. Die Haltbarkeit von Blumen hängt ja auch von der Wohntemperatur ab – und dem richtigen Anschnitt. Blumenläden sind zum Beispiel auch deshalb kühler, weil es die Haltbarkeit der Blumen erhöht. Außerdem spielt die Häufigkeit des Wasserwechsels eine echte Rolle. Diese Frischepülverchen, die man manchmal bekommt, sind etwas für Faule, um das Wasser seltener wechseln zu müssen. Davon halte ich nichts, es belastet nur die Umwelt. Es bringt viel mehr, die Blumenstiele frisch anzuschneiden, anschließend unter fließendes Wasser zu halten und dann in frisches Wasser zu stellen.

Gestaffelt gebunden, kompakt... Gibt es eine eigene Floristensprache, und wie beschreibe ich meine Vorstellungen am besten?

E.D.: Das Beste ist, wenn ich als Florist schon fertige Werkstücke – also Gebinde – im Laden präsentieren kann und diese in verschiedenen Preislagen vom Kunden angenommen und gerne gekauft werden. Dafür ist es gut, wenn der Kunde einen Lieblings-Blumenladen definiert, der seinem Geschmack entspricht. Da geht es ja auch um die Berufsehre des Floristen: Ich möchte ein Angebot schaffen, das der Kunde begeistert annimmt.

Gemeinsam zusammenzustellen ist auch schön, wenn der Kunde seine Grundvorstellung vorgibt: Lang- oder kurzstielig, offen gebunden, kompakt oder gestaffelt. Diese Worte verstehen jeder Florist und jeder Kunde, und dort treffen wir uns. Dann erarbeite ich die Gestaltung und interpretiere den Kundenwusch mit meiner Kunst. Denn erstens bin ich die Kreative und möchte zweitens den Kunden zufrieden stellen. Das geht soweit, dass mein Produkt Teil seiner Wohnung wird – wenigstens für eine Woche. Und es freut mich, wenn daraus Wohlbefinden entsteht.

Haben Sie ein paar dekorative Tipps für Kunden mit kleinem Budget?

E.D.: Was leicht, preiswert und kreativ ist: Stellen Sie ein paar schlanke Weinflaschen zusammen und kaufen Sie einen Bund Sommerblumen vom Markt, in dem erfahrungsgemäß verschieden lange Blumen drin sind wie Rittersporn, Glo-

ckenblumen, Rosen und verschiedene Gräser. Dann stecken
Sie in jede Flasche nur ein- bis zwei Blumen. Das macht
viel her. Der Trick daran sind die verschiedenen Höhen. Bei
Flaschen aus durchsichtigem Glas kann man das Wasser mit
Batikfarbe bunt machen, in unterschiedlichen Füllmengen
– also auf verschiedenen Höhen – einfüllen und zum Schluss
farblich passende Filzbänder um die Flaschenhälse binden.
So ein Arrangement kostet wenig Geld und sieht nach viel
aus. Überhaupt macht es Spaß, andere Materialien in Blu-
menarrangements mit „einzubinden".

Nachwort und Dank an meine
Interviewpartner

Dieses Buch zu schreiben war mir ein persönliches Bedürfnis, das direkt „aus dem Bauch" kam. Diese Sehnsucht nach
Qualität hatte sich über Jahre synchron mit dem Wunsch
entwickelt, auch in menschlichen Beziehungen meines
beruflichen und privaten Lebens auf Qualität zu achten, auf
eine Kommunikation, die Freunde, Geschäftspartner, Kunden und Auftragnehmer gleichermaßen wertschätzt und
alles in allem Ausdruck für mein Grundverständnis ist: Ich
mag Menschen.

Dass die Auswahl der individuellen Produktwelt dabei auch
die Wertschätzung für sich selbst spiegelt, ist vielleicht
keine neue Erkenntnis – aber eine wichtige. Was ist sich
jemand selbst wert, der nur das Billigste in seinen Körper
hinein, um seinen Körper herum und an seine Gedanken-
welt heran lässt? Insofern spiegelt die Beziehung zu Produkten auch immer die Beziehung zu sich selbst.

In der Ansprache meiner Interviewpartner habe ich konsequent ebenfalls auf die Qualität des Kontaktes geachtet.
Einige waren bereits persönliche und langjährige Kontakte,
in anderen Warengruppen aber habe ich eben doch „kalt"
bei Firmen angerufen, um qualifizierte Gesprächspartner
zu finden. Bei manchen waren die Antworten unhöflich
bis herablassend – oder sie blieben gleich ganz aus. Dort

habe ich natürlich kein zweites Mal angerufen. Nach der
Devise „Rede nur mit den Leuten, die auch mit Dir reden
wollen" – übrigens eine befreiende Erkenntnis aus der für
Selbständige notwendigen Telefonakquise –, habe ich dann
andere Anlaufstellen ausgewählt, die für Gespräche auf
Augenhöhe offen waren. Insofern steht hinter der Auswahl
meiner Interviewpartner auch ein „Prinzip der Ereignisse",
das mich zu Firmen geführt hat, die Wertschätzung für
andere Menschen, gutes Benehmen und bewusste Produktion leben. Offenbar ist da ein Zusammenhang.

Denn mein Versprechen an Sie, meine Leser, kann ich nur
mit den Besten halten. Was sie leisten, tun sie mit Leidenschaft und der nötigen Prise Bescheidenheit – auch wenn
sie sehr erfolgreich sind. Und beides ist Voraussetzung, um
echte Qualität zu schaffen und gleichbleibend zu liefern.
Danke für die guten Gespräche, Ihre/Eure Offenheit und die
bereichernden Antworten auf meine Fragen, die ich formuliert habe, um Produktion und Verbraucher einander näher
zu bringen. Mein persönlicher Dank geht in der Reihenfolge der Kapitel an:

- Wendelin Ziegler, LOI-Moden GmbH
- Jörg Kümmel, Kümmel & Co. GmbH
- Peter Klotz, Friedrich Klotz GmbH & Co. KG Herren-
  kleiderwerk
- ANA & ANDA, Andrea Reichert und Anita Lohr GbR
- Tosca Siekmann, Alta Seta GmbH & Co. KG
- Matthias Mey, Mey Handels GmbH

- Karlheinz Oblinger, Corporate Fabrics GmbH
- Giovanni Di Noto, Dinoto Hörakustik GmbH
- Mathias Biermann, Fachakademie für Augenoptik in Hankensbüttel
- Franz Eppli, Eppli am Markt, Auktionshaus – Juwelier e.K.
- Beate Oblau, C. Josef Lamy GmbH
- Wilhelm Haböck, Kunert Fashion GmbH
- Hermann Hoste, Heinrich Dinkelacker GmbH
- Dirk Römer, Hanford & Römer by Römer & Sohn GmbH
- Dirk Schmidinger, Samsonite Deutschland GmbH
- Inka Bihler-Schwarz, Wala Heilmittel GmbH
- Carola Wacker-Meister, Wella, Salon Division der Procter & Gamble Service GmbH
- Gabriele Medingdörfer, M·A·C Cosmetics, Estee Lauder Companies GmbH
- Svetlana Stuckert, da Vinci Künstlerpinselfabrik, Defet GmbH
- Marc Vom Ende, Symrise AG
- Elmar Keldenich, Bundesverband Parfümerien e.V.
- Birgit Huber, Industrieverband Körperpflege- und Waschmittel e.V.
- Dr. Ilona Bürgel, Psychologin, Referentin und Autorin
- Elke Duiker, Der Blumenladen, Wiesbaden

Katharina Starlay ist studierte Modedesignerin und Image-
beraterin der ersten Stunde. Als Stilcoach begleitet sie Ein-
zelpersonen für mehr Erfolg in Beruf und Karriere. Seit
2002 berät sie auch Unternehmen für ihren Außenauftritt.
Dabei steht immer das unverwechselbare Erscheinungsbild
im Vordergrund, das aus einem Menschen eine Persönlichkeit und aus einem Unternehmen eine Marke macht.

„Denn Aussehen, Auftreten und Benehmen sind ein Bau-
stein der Verkaufsstrategie und damit Teil der Wertschöp-
fungskette – von Menschen und von Unternehmen.", sagt
sie. Ihre interaktiven Vorträge rund um den *Erfolgsfaktor
Kleidung* sind bei Tagungen und Events gefragt.

Katharina Starlay hat neun Jahre lang als Führungskraft im
Einzelhandel gearbeitet. Im Konsum legt sie selbst Wert
auf einen persönlichen Kontakt und die Qualität der Beratung. Wo bis jetzt der Preis den Kampf entschied, sieht sie
die Chancen für den Handel von morgen in individuellen,
teils lokalen Sortimenten fern von Massenproduktionen –
und einer persönlichen Kompetenz, die Grundlage von Vertrauen und Kundenbindung ist und digital nicht vermittelt
werden kann.

Ihr erstes Buch „Stilgeheimnisse" kam 2012 ebenfalls bei
Frankfurter Allgemeine Buch auf den Markt. News und
Artikel veröffentlicht sie auf *Stilclub.de*.

„Es ist die Qualität der kleinen Dinge im Alltag, die wahren Lebensstil ausmacht. Die Kleidung und alle Details sollten die Persönlichkeit unterstreichen, Sicherheit verleihen und die individuelle Ausstrahlung verstärken. Die Sorgfalt der Auswahl, wie sie Katharina Starlay mit diesem Buch beschreibt, gehört zum guten Stil unbedingt dazu!"

Gräfin Isa von Hardenberg
Hardenberg Concept GmbH

„Dieser Ratgeber ist lange überfällig, denn achtsames und kritisches Konsumieren gehört heutzutage zum guten Stil dazu. Wer besser Bescheid weiß, kann selbstbewusst und gutgelaunt entscheiden, wie und wann er sich vom Marketing umwerben und verführen lassen will. Wer könnte dieses Buch besser schreiben als die Insiderin Katharina Starlay. Mein Kompliment zu diesem Werk."

Agnes Anna Jarosch,
Chefredakteurin „Der große Knigge"
Leiterin „Deutscher Knigge-Rat"